"十四五"职业教育国家规划教材

互联网+珠宝系列教材

全国优秀教材二等奖

首饰制作工艺
（第二版）
SHOUSHI ZHIZUO GONGYI

黄云光　王　昶　袁军平　编著

中国地质大学出版社
ZHONGGUO DIZHI DAXUE CHUBANSHE

内容简介

本书以珠宝首饰企业的生产工艺流程为主线,全面、系统地介绍了珠宝首饰制作工艺的各个主要环节,内容丰富,包括首饰制作工具和设备、制版工艺、熔模铸造工艺、执模工艺、镶嵌工艺、电镀工艺、足金首饰加工工艺、首饰的机械加工工艺和电铸工艺。书中共附有图片293幅,附表28张,以及相关的教学视频。

本书可作为大中专院校珠宝首饰专业的教材或教学参考书,也可供珠宝首饰行业、企业从业人员阅读参考。

图书在版编目(CIP)数据

首饰制作工艺/黄云光,王昶,袁军平编著. —2版. —武汉:中国地质大学出版社, 2020.1(2023.8重印)

ISBN 978-7-5625-4683-2

Ⅰ.①首… Ⅱ.①黄…②王…③袁… Ⅲ.①首饰-制作-教材 Ⅳ.①TS934.3

中国版本图书馆CIP数据核字(2019)第258993号

首饰制作工艺(第二版)		黄云光 王 昶 袁军平 编著	
责任编辑:张 琰 张玉洁	选题策划:段连秀		责任校对:张咏梅
出版发行:中国地质大学出版社(武汉市洪山区鲁磨路388号)			邮政编码:430074
电 话:(027)67883511	传 真:(027)67883580		E-mail:cbb@cug.edu.cn
经 销:全国新华书店			http://cugp.cug.edu.cn
开本:787mm×1 092mm 1/16		字数:346千字	印张:13.5
版次:2010年8月第1版 2020年1月第2版		印次:2023年8月第9次印刷	
印刷:湖北金港彩印有限公司		印数:21 001—24 000册	
ISBN 978-7-5625-4683-2			定价:68.00元

如有印装质量问题请与印刷厂联系调换

前　言（第二版）

　　《首饰制作工艺》自2010年8月问世以来，承蒙广大读者和业界人士的厚爱，在短短的几年内已经多次重印，现应出版社之邀进行修订、再版，不胜感激。我们在2010年版的基础上，对原有章节进行了适当的修改、增删和调整，着重对全书的文字进行了重新的修订，使得内容更趋实用，更加符合现代首饰加工企业发展的要求。

　　全书共分9章，具体编写是在黄云光先生的指导下，由广州番禺职业技术学院珠宝学院教师王昶、袁军平分工完成。其中王昶执笔第二章（第一、四节）、第三章、第四章（第一、三节）、第六章（第一、三节）、第七章和第九章；袁军平执笔第一章、第二章（第二、三节）、第四章（第二、四节）、第五章、第六章（第二节）和第八章。书稿完成后经黄云光先生审定付梓。

　　在修订过程中，我们得到了广州番禺职业技术学院珠宝学院全体老师的支持和帮助。全书附图片293幅，附表28张，以及相关的教学视频。大多数图片及全部视频录像制作均完成于广州番禺云光首饰有限公司和广州番禺职业技术学院珠宝学院，视频以二维码形式出现在正文相关内容处，手机扫码即可获取。参与录像示范的人员包括：袁军平教授级高工、马春宇副教授、薄海瑞讲师、陈德东讲师、陈绍兴实验师以及学校聘请的企业兼职教师王金龙先生。在此我们表示由衷的感谢！

　　同时，向给予本书出版以支持和帮助的中国地质大学出版社毕克成社长和段连秀副编审表示衷心的感谢！

王　昶

2018年12月

前　言（第一版）

人类使用珠宝首饰的历史，可以追溯到很久远的年代。人类自出现的那天起，就有了对美的向往和追求，于是也就有了对装饰物品的需要。史前时期，人们在身上刺花纹或刺破皮肤系上装饰性的材料，以此来装扮自己。古代印加人刺穿少年的耳朵，插进黄金制成的饰板。其他民族则是刺透鼻子或嘴唇插进木棍、金属条或动物骨头。不过更常见的是，将他们认为漂亮的物品吊挂在身上。这些物品或天然而成或手工打造，它们就是珠宝首饰的雏形。如果说远古时代的首饰只是为了满足祖先们自我美化的愿望，那么欧洲中世纪的珠宝首饰则意味着世间的权力，文艺复兴时期的珠宝首饰意味着财富，18—19世纪的珠宝首饰是富裕和优雅的表现。20世纪以来的巨大社会变革，也为珠宝首饰带来了革命，它不再是少数人权力和财富的象征，而已经成为大多数人，尤其是妇女显示个性、美化自身的装饰品。古往今来，有无数能工巧匠，凭着自己精妙的构思，制作出了大量技艺精湛的首饰工艺品，为我们留下了丰富的文化遗产。

一、首饰制作工艺的历史

1. 早期的首饰制作

考古学家在属旧石器时代晚期的山顶洞人的洞穴中就发现过钻孔的石珠、石坠和染色的石器。在中国的奴隶社会，人们已经知道用软玉和岫玉制造玉饰。这些可以被我们称为早期的首饰加工。

早期的首饰制作主要以骨头、果核、石头、玛瑙等作为原材料，采用钻孔、磨制、雕刻等工艺加工而成。在型材挑选、花纹刻制、造型、镂雕等方面已经达到了比较精美的地步。

中国古人对黄金、白银等贵金属的认识，在许多典籍中均有所记载，如明代宋应星的《天工开物》、李时珍的《本草纲目》中，就对自然金的形状、颜色、硬度等有非常详细的记载和描述。关于自然金的产地，自古以来就有沙里淘金的说法，唐代著名诗人刘禹锡曾写下一首描绘妇女们在江边艰辛地淘金的生动诗篇《浪淘沙》："日照澄洲江雾开，淘金女伴满江隈。美人首饰侯王印，尽是沙中浪底来。"诗中的"澄洲"，是指今广西南宁地区上林县一带，"江"系指右江（广西境内的主要河流之一），这一带古时是著名的沙金产地。

自从我国古代人民认识了黄金、白银，它们就被广泛地用于首饰制作。

2. 首饰加工工艺的发展

商代青铜器的出现，使首饰的加工制作发生了革命性的变化。现代首饰制造行业常用的失蜡铸造工艺就是由商代青铜器的铸造工艺发展而来的,商代的工匠根据蜂蜡的可塑性和热挥发性的特点,首先将蜂蜡雕刻成所需形状的蜡模,再在蜡模外包裹黏土并预留一个小洞,晾干后焙烧,使蜡模气化挥发,而黏土则成为陶瓷壳体,壳体内壁留下了蜡模的阴模。这时再将熔化的金属沿小孔注入壳体,冷却后打破壳体,即获得所需的金属铸坯。现代失蜡铸造技术的基本原理与此基本相同。

而且,据考古发现,更令人吃惊的是商代的先民已经开始用黄金制作简单的首饰了。如1977年在北京平谷县刘家河商代中期墓葬中,曾出土金臂钏两件、金耳环一件;在山西石楼商代遗址中也出土过金耳环。1986年四川广汉三星堆遗址中两个大型商代祭祀坑中出土了包金面具、金杖和金面鱼形饰。

到了春秋战国时期,黄金制作工艺得到了极大的发展,即使是北方的少数民族亦能用黄金制作非常复杂的金冠饰,如1972年冬在内蒙古自治区杭锦旗阿鲁柴登匈奴墓中出土的金冠饰,其工艺制作精良,立体构图、圆雕、浮雕技术并用,从黄金制作工艺上看,有范铸、锤鍱、抽丝、编垒、镶嵌等,反映出匈奴民族巧妙的艺术构思和先进的黄金制作工艺。汉代的首饰加工技术更是得到飞速发展。从满城汉代中山靖王刘胜及妻子窦绾的墓葬中发现的"金缕玉衣",其金线和玉片的加工技术,令世人叹为观止。白银首饰在我国的出现,要晚于黄金首饰,学术界一般认为在春秋时期。如内蒙古准格尔旗西沟畔战国时期匈奴墓出土的银卧马纹饰片、陕西神木纳林高兔战国晚期匈奴墓出土的银环和透雕花虫银饰片、山东曲阜鲁国故城战国墓出土的猿形银饰,河南辉县固围村5号战国墓出土的包金镶玉嵌琉璃银带钩,则运用了多种材料相结合的包、镶、嵌等手法,集金、银、玉、琉璃于一身,是迄今我国发现最早的一批银饰。

3. 首饰制造业的诞生

魏晋南北朝至隋唐宋代,由于中外交流大量增加,珠宝首饰和金银首饰从加工风格到加工技术都产生了极大变化。宋太祖二年,即公元960年,被视为我国首饰业"开山鼻祖"的胡靖出生,他自幼聪慧,擅长雕刻,技艺精湛。在他的金、银、铜、锡等各类制品中,尤以凤冠最为精巧,他做成的凤冠,凤箍具有伸缩力,能大能小,为当时的许多达官贵人所喜爱。后来因求购者日众,胡靖开始招徒授艺,专门进行首饰的加工制作,他对首饰的加工方法进行了潜心的研究和改进,被业界尊奉为我国首饰业的先师。几个世纪以来,皇亲国戚一直是首饰艺人的唯一主顾,也就是从此时起,金银首饰才走下皇亲国戚的圣坛,走入平民百姓的视野,逐步向民间推广。

4. 元明清到中华人民共和国成立初期的首饰加工业

元明清时期,首饰加工得到了长足发展。1958年7月北京十三陵出土的明代万历皇帝的金丝冠,结构巧妙,制作精细,金丝纤细如发、编织匀称紧密,工艺精湛,体现了当时首饰加工工艺的高超水平。

清道光以后,首饰加工业渐渐衰败。尽管首饰加工的数量与以前相比并没有减少,但一直到20世纪中叶,我国的首饰加工技术都没有得到进一步发展,而一直停留在手工作坊式生产阶段,相对处于停滞状态。

二、首饰制造业的现状

由于众所周知的原因，我国的珠宝首饰加工业一度停滞不前，但自改革开放以来，我国的珠宝首饰加工业得到了快速的发展，尤其以珠江三角洲地区的深圳和番禺为最。

番禺位于珠江三角洲腹地，隶属于广州市管辖，地理位置优越。番禺的珠宝首饰加工业始于1986年，是在香港珠宝首饰业向内地转移这一历史背景下发展起来的。它涵盖了珠宝设备制造、钻石打磨、铂金首饰、足金首饰、镶嵌首饰、银饰品制造、贵重工艺品制造和珠宝钟表制造等领域。经过近20年的发展，形成了大罗塘、小平、市桥珠宝工业区及榄核镇珠宝工业区、大岗珠宝产业区、沙湾珠宝产业园区等几个集中片区，200余家各种类型的珠宝首饰加工企业分布其中。番禺的珠宝首饰加工业以来料加工的形式为主，面向国际市场，加工技艺精湛，款式新颖，是亚太地区最具规模、最集中的珠宝首饰加工基地，珠宝首饰出口额占香港出口总量的60%以上，被誉为"中国珠宝城"。番禺的珠宝首饰加工业，已经从传统的手工业转变为规模化的现代化工业，在工艺、设计、质量、管理等方面积累了丰富的经验，生产的珠宝首饰产品具有较高的工艺技术水平，是我国重要的珠宝首饰加工基地之一。

目前，在珠宝首饰加工企业中，主要采用三种加工工艺生产珠宝首饰，它们分别是熔模铸造工艺、电铸工艺和机械加工工艺。

1. 熔模铸造工艺生产线

熔模铸造又称为失蜡铸造或精密铸造，将失蜡铸造应用于首饰的批量生产是现代首饰制造业的突出特点，它不仅可以满足批量生产的需求，而且能够兼顾款式或品种的变化，因此在首饰制造业的生产工艺中占据重要的地位。失蜡铸造又分为真空吸铸、离心铸造、真空加压铸造和真空离心铸造等。

失蜡铸造的过程是：将原模（一般是银版）用生硅胶包围，经加温加压使之硫化，压制成硅胶模，然后用锋利的刀片按一定顺序割开胶模后，取出银版，得到中空的胶模；向中空的胶模注蜡，待液态的蜡凝固后打开胶模取出蜡模；对蜡模进行修整后将蜡模按一定排列方式种成蜡树状，放入钢制套筒中灌注石膏浆；石膏经抽真空、自然硬化、按一定升温时段烘干后，融化金属进行浇铸（可利用正压或负压的原理进行铸造）；金属冷却后将石膏模放入冷水炸洗，取出铸件后浸酸、清洗，剪下毛坯进行滚光；再进行执模、镶嵌和表面处理，即可得到首饰成品。

2. 电铸工艺生产线

电铸工艺是利用多种化学成分的合成、设备动作快慢、温度高低、电流大小、铸件面积大小等参数的综合作用，完成对空心首饰产品的制作。所以，在生产作业的技术操作过程中，电铸工艺不同于其他手工业工艺，更要严格按照技术参数和工艺要求进行操作，同时结合生产实践经验，以一丝不苟、严谨科学的工作态度，才能在生产工作中不断提高操作水平，生产出合格率高的电铸工艺首饰产品。

电铸工艺主要由雕模、复模、注蜡模、执蜡模、涂油、电铸、执省、除蜡、打磨等相互交叉的生产工艺组成。

3. 机械加工工艺生产线

机械加工在饰品生产行业中是一个起步不久的生产加工工艺，它是利用金属的可塑性和硬度差异，通过加工成的钢模将金属直接冲压成首饰的一种工艺。目前市场上首饰流通的特点是款式多、更新快、型面复杂而且精细，对首饰业提出了较高的要求，而机械加工工艺的运用可以更好地满足人们的需要。现今的首饰机械加工可以运用电脑辅助设计，通过CNC、激光加工及放电加工工艺，再加上传统的辅助加工手段来达到短周期、高精度、低成本的要求。

机械加工的工艺流程为设计模具图→备料开模→模具的加工→模具的组装→试模→生产。

"旧时王谢堂前燕，飞入寻常百姓家"，随着人们生活品位的提高，首饰将不再是少数人的占有物，而走进了千家万户，人们对于首饰的认识也不再仅仅停留在保值和贵重上，而渐渐趋向于对美和艺术的追求。以前那种只强调首饰的价值，一味追求大、粗的观念已被摒弃，未来人们对首饰设计和加工工艺的要求会越来越高，未来的首饰加工制作也会越来越精细，首饰业的明天将会呈现百花竞放的璀璨局面。

对于珠宝首饰加工企业和制作人员而言，在市场竞争日益激烈的今天，我们必须努力提高首饰制作工艺技术水平，不断满足广大消费者的需求，增强产品在国际市场上的竞争力，为我国珠宝首饰行业的繁荣和发展增添光彩。

现代的珠宝首饰加工业已经完全摆脱了传统的作坊式的首饰加工工艺，而大量地引入了先进的制造工艺技术和设备，使得珠宝首饰加工业产生了革命性的变化。有鉴于此，编写一本密切联系企业生产实际的有关首饰制作工艺方面的专业书籍就显得尤为迫切和重要，而且经过努力也是完全可能的。

总之，作为一本传授现代首饰制作工艺的专业书籍，希望它的出版能起到抛砖引玉的作用，敬望广大同仁能从书中受到启发，共同研究探讨，为提高我国的首饰制作工艺水平而共同努力。

黄云光

2010年3月

目 录

第一章 首饰制作基本工具和设备 (1)

  第一节 首饰制作常用工具 (1)

  第二节 首饰制作常用设备 (11)

第二章 制版工艺 (19)

  第一节 于造银版工艺 (19)

  第二节 手工雕蜡版工艺 (20)

  第三节 机械制版工艺 (28)

  第四节 原版的后处理 (38)

第三章 熔模铸造工艺 (42)

  第一节 压制胶模 (42)

  第二节 蜡模制作 (48)

  第三节 铸型制作 (52)

  第四节 熔炼浇注 (58)

  第五节 铸件清理 (65)

第四章 执模工艺 (67)

  第一节 不同类型首饰的执模工艺 (68)

  第二节 机械抛光技术 (78)

  第三节 机械抛光工艺流程 (83)

  第四节 激光焊接工艺 (89)

第五章 镶嵌工艺 (97)

  第一节 配 石 (97)

第二节　镶嵌宝石的准备工作 ································ (99)

　　第三节　镶嵌工艺 ·· (102)

　　第四节　表面修整 ·· (115)

　　第五节　蜡镶工艺 ·· (117)

第六章　电镀工艺 ·· (127)

　　第一节　镀前处理 ·· (127)

　　第二节　电　镀 ··· (142)

　　第三节　镀后处理 ·· (153)

第七章　足金首饰加工工艺 ································· (156)

　　第一节　链类足金首饰的执扣工艺 ························· (156)

　　第二节　足金手镯的执扣工艺 ······························· (163)

　　第三节　足金戒指、吊坠、耳环的执扣工艺 ·············· (167)

　　第四节　足金首饰工艺的辅助工序 ························· (168)

　　第五节　足金首饰的打磨工艺 ······························· (171)

第八章　首饰的机械加工工艺 ································ (172)

　　第一节　连铸型材 ·· (172)

　　第二节　机械加工片材、管材和线材 ······················· (174)

　　第三节　冲压工艺 ·· (176)

第九章　电铸工艺 ··· (188)

　　第一节　电解铸造的工作原理 ······························· (188)

　　第二节　蜡模制作 ·· (189)

　　第三节　空心电铸 ·· (193)

　　第四节　表面处理 ·· (198)

主要参考文献 ·· (204)

第一章　首饰制作基本工具和设备

首饰制作是一个多工序的复杂工艺过程,使用的工具、设备种类很多。全面了解和正确使用这些工具和设备,是掌握首饰制作技艺的基础。本章就首饰生产制作中涉及的主要工具和设备简要介绍如下。

第一节　首饰制作常用工具

一、工作台(俗称功夫台)

工作台是首饰制作中最基本的设备,通常是用木料制作而成,可分为通用工作台(图1-1)和微镶工作台(图1-2)两种。对于首饰制作通用工作台,虽然外观形状可多种多样,但一般对其结构和功能有几个共同的要求:①要坚固结实,尤其是台面的主要工作区域,一般要用硬杂木制作,厚度在50mm以上,因为加工制作过程中,常对台面有碰击;②对工作台的高度有一定要求,一般高为90cm,这样可以使操作者的手肘得到倚靠或支撑;③台面要平整光滑,没有大的弯曲变形和缝隙,左、右两侧及后面有较高的挡板,防止宝石或工件掉入缝隙或蹦落;④有收集金属粉末的抽屉,以及放置工具的抽屉或挂架;⑤有方便加工的台塞,台面上一般设有吊挂吊机的支架。微镶工作台的长宽要比通用工作台略大些,以便台面上放置双目显微镜,并留出足够的操作空间。为便于操作,一般将台面做成内凹弧形。

图1-1　通用工作台

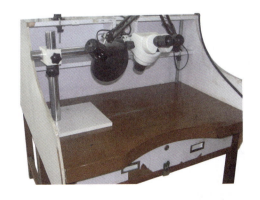

图1-2　微镶工作台

二、雕蜡刀

雕蜡刀可以分成两大类：一类是通用的，可以在首饰加工设备市场上购买；另一类则是根据不同需要自制的工具。按照其使用特点大致可以分为专用雕蜡刀（图1-3）、扩展雕蜡刀（图1-4）和自制雕蜡刀（图1-5）三类。

图1-3　专用雕蜡刀

图1-4　扩展雕蜡刀

图1-5　自制雕蜡刀

在戒指的雕蜡过程中，经常用到蜡戒刀，它是用于扩大戒指圈号的专用工具，木质或者塑料质地，侧面嵌一片刀片，使用时将戒刀放入戒指蜡中，均匀旋转即可扩大戒指圈（图1-6）。

三、吊机及机针

吊机是悬挂式马达的俗称，在首饰制作中应用非常广泛。吊机由电机、脚踏开关、软轴和机头组成（图1-7）。动力经软轴传至吊机机头，软轴上套有金属蛇皮管，可大幅度地弯曲，操作时可以灵活运用。吊机的转速由脚踏开关控制，其内部的数个触点是用电阻丝连接的，踩动踏板就可以改变电阻，从而使吊机的转速发生变化。

图1-6　蜡戒刀

图1-7　吊机

配合吊机使用的是成套的机针（俗称锣嘴），机针的形状各异，不同形状的机针有着不同的用途，可用于钻孔、打磨、车削等，常用的机针有以下几种（图1-8）。

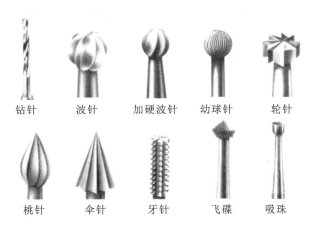

图1-8 常用机针

1. 钻针

首饰起版时常用到钻针，钻出相应大小的石位或花纹，在执模和镶石时也常用钻针对石位和花纹进行修整，钻针的尺寸一般为0.05～0.23cm。不够锋利的钻头，可以用油石磨锋利后再继续使用。

2. 波针

波针的形状接近球形，尺寸一般为0.05～0.25cm，在首饰的执模过程中，常用来清洁花头底部的石膏粉或金属珠，重现花纹线条，清理焊接部位等。在镶石时，小号波针还常用于自制吸珠，较大的可用来车卜（弧）面石的包镶位，最大号的波针可用于车飞边镶、光圈镶的光面斜位。

3. 轮针

轮针的尺寸一般为0.07～0.50cm，在镶石过程中，用于开坑、捞底，捞出的位较为平滑。

4. 桃针

桃针的形状接近桃子，尺寸一般为0.08～0.23cm，是起钉镶宝石的主要工具，其车位效果比较适合镶嵌圆钻，且不需要其他工具辅助，在光圈镶、飞边镶、包镶等车位操作时可作为辅助工具。

5. 伞针

伞针的形状类似伞形，尺寸一般为0.07～0.25cm，规格较大的伞针是爪镶宝石的主要工具，规格小一些的伞针常用于车包镶心形、马眼形、三角形等石位的角位。而在迫镶厚身宝石时，可用来车石腰位。

6. 牙针

牙针也称狼牙棒，可细分为直狼牙棒、斜身狼牙棒，尺寸一般为0.06～0.23cm，在宝石镶嵌中，如果迫镶的石位太窄或石位边沿凹凸不平，常用牙针扫顺，爪镶宝石时也可用来车位。在首饰执模时，常用来刮除夹层间的批缝，刮净死角位，以及将线条不清晰的部位整理至清晰明了。

7. 飞碟

飞碟的尺寸一般为 0.08～0.25cm，有厚、薄之分，可根据宝石腰围的厚度进行选择，一般在镶石中用薄飞碟车闸钉及小颗粒宝石爪的镶位，有时迫镶圆钻时也可以用来车位。起版过程中的校闸钉位，会用到厚飞碟。

8. 吸珠

吸珠的尺寸一般为 0.09～0.23cm，市场上有现成的吸珠出售，也可自制吸珠。现成的吸珠，吸窝常有牙痕，一般用于吸较粗的金属爪头或光圈镶；自制的吸珠常为光滑面，用于吸钉粒，一般钉粒较多而粗糙，需要的吸珠量大，可采用废旧工具自制吸珠，这样可有效地降低生产成本。

四、组合焊具、焊瓦和焊夹

1. 组合焊具

组合焊具主要包括焊枪、风球、油壶三个部件，采用胶管连接成一体（图 1-9）。风球（俗称"皮老虎"）由两块乒乓球拍状的木板相连构成，木板的上面和侧面都有胶皮，用脚踏木板，风球的胶皮鼓起，空气就被挤进油壶，将油壶中的油汽化。油与空气混合后从焊枪口喷出，点上火就可以使用了。焊枪多用于焊接、熔化和退火等工序。

油壶可分为入气管（油壶活动管和风球相接）、出气管（油壶固定管和焊枪相接），油壶加油时，只可加到油壶容量的 1/3，如果加油太满，脚踩风球焊枪会喷出汽油，从而引发事故。

2. 焊瓦和焊夹

焊瓦通常用于摆放焊接物，具有防火隔热的作用，使火枪喷出的火焰不会直接烧到工作台面。焊夹则分为葫芦夹和焊镊两种，葫芦夹可以夹持工件使之固定，以利于焊接操作；焊镊可以进行分焊，夹持焊料到焊接位，在熔焊的过程中可以搅拌使焊料均匀（图 1-10）。

图 1-9　组合焊具

图 1-10　焊瓦、焊夹

五、卓弓（锯弓）

卓弓（锯弓）的主要用途是切断棒材、管材，以及按画好的图样锯出样片，甚至可以当锉使用。与之配用的锯条（线）称为卓条，卓弓有固定式和可调式两种（图 1-11）。

图 1-11　卓弓、卓条

卓弓两头各有一个螺丝,用来固定卓条。卓弓有不同粗、细的规格,用于首饰制作的锯条,一般最粗是6号,最细是8/0号,行内人称作"八圈",但最常用的是4/0或3/0,也称为"四圈"和"三圈"。首饰制作常使用的锯条规格如表1-1所示。

表1-1　首饰制作用卓条规格

型号	锯厚(mm)	锯宽(mm)	型号	锯厚(mm)	锯宽(mm)
8/0	0.160	0.320	0	0.279	0.584
7/0	0.170	0.330	1	0.305	0.610
6/0	0.178	0.356	1.5	0.318	0.635
5/0	0.203	0.399	2	0.340	0.701
4/0	0.218	0.445	3	0.356	0.737
3/0	0.241	0.483	4	0.381	0.780
2/0	0.330	0.518	5	0.401	0.841
1/0	0.279	0.559	6	0.439	0.940

六、锉刀

首饰制作过程中,所用的各种锉大都属于金工锉类。但由于首饰制作是比较精细的金工,所以使用的锉大部分体型都较小巧。不过它们的种类很多,规格大小不一,多以其截面形状命名,如平锉、三角锉、半圆锉(又称卜竹锉)、圆锉(小型的又称鼠尾锉)(图1-12)。以上是几种比较常用的锉,其他较特别的锉有刀锉、竹叶锉、乌舌锉、方锉、扁锉等。

图 1-12　首饰制作中常用的各种锉刀(锉金属用)

锉刀的长度一般是标准的,通常指从锉尖到锉柄末端的长度,常用的是6寸或8寸长的锉,锉齿则有疏密之分。在锉刀尾部印有编号,从00～8号。00号是最粗的齿,锉金属时较快,但会使工件的表面较粗糙;8号是最密的齿,可以使金属表面产生较光滑的效果。一般常用的是3号齿和4号齿。

锉刀的主要用途是使金属表面一致,或使按照所需图样锯出的金属得到修饰。不同形状的锉刀可以锉出不同形状的金属表面,如:三角锉可以锉出三角形的凹位;鼠尾锉可以锉出圆的凹位,还可将小的圆位扩大;乌舌锉和卜竹锉的圆位,可将金属边缘凸起的部分锉去等。锉刀种类的选择,取决于制造何种形状的饰品。半圆锉是一类常用的锉,体型较大,锉齿较粗,连柄约8寸长,由于其柄部刷了红色油漆,行内人称之为"红柄锉",主要用于锉出一件制品的雏形。滑锉是另一种较常用的锉,它的形状也是半圆形,长约8寸,锉尾尖利,必须要插入手柄内才可使用,滑锉的主要用途是做最后的修饰,使金属表面更加细滑,以便于用砂纸和抛光机打磨。

制作蜡版时,也有一套锉刀,不过用于锉蜡的锉刀与锉金属的锉刀是有区别的,前者的锉齿较粗(图1-13)。

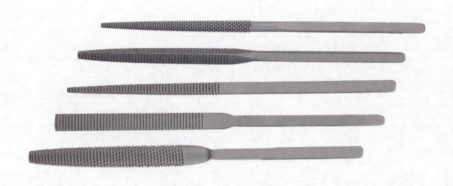

图1-13 锉蜡用的锉刀

七、钳、剪

钳的形状有很多种,各种钳的用途也有区别,常用的钳子有:圆嘴钳、平嘴钳、尖嘴钳、拉线钳等(图1-14)。

圆嘴钳和平嘴钳主要用于扭曲金属线和金属片。平嘴钳有时也用来把持细小的工件,使之易于操作,有时也用于镶嵌宝石。拉线钳其实

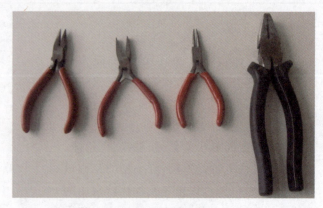

图1-14 各种钳
(从左至右为尖嘴钳、平嘴钳、圆嘴钳、拉线钳)

就是常见的五金用大钳,在首饰制作中用来拉线和剪断较粗的金属线。除上述钳子外,还有用来固定工件的台钳和木戒指夹(图1-15)。首饰制作用的台钳通常比较小巧,通常有球形接头,可以变换不同的角度,方便使用。木戒指夹常见的一种结构是在下端加木楔来夹紧工件,它主要用于夹住金属托,便于镶石,木戒指夹一般不会在精加工的首饰表面留下任何痕迹。

图1-15 木戒指夹

剪主要用来分割大而薄的片状工件,厚而复杂的工件不宜使用剪,常用的剪主要有黑柄剪刀、剪钳等,剪钳则又分直剪、斜剪、蛇口剪等(图1-16)。

八、拉线板

首饰制作过程中,常常需要直径大小不一的金属线材,它们需依靠拉线板才能制成。拉线板是由钢制的。拉线板通常有:39孔(0.26～2.5mm)、36孔(0.26～2.2mm)、24孔(2.3～6.4mm)和22孔(2.5～6.4mm)等不同规格。拉线板孔口是用特殊的钢材(钨钢)制作的,无比坚硬,不易变形。拉线板的孔口大小不等,形状也有多种,例如圆形、方形、长方形、三角形,甚至心形等,可以根据加工的需要,选择合适的线孔拉线,其中最常用的是圆形(图1-17)。

图1-16 剪刀、剪钳
(从左至右为黑柄剪刀、剪钳、直剪、斜剪)

图1-17 拉线板

九、砧、锤、戒指铁及同类

砧、锤和戒指铁等通常配合使用,利用它们可以将金属锤打出戒指的形状。

1. 锤

锤在首饰制作行业中用处很大,即使有了辘片机,需要用到锤的地方仍然很多。从材质上看,除了铁锤外,常用的还有皮锤、木锤、胶锤等;从形状上看,有平锤、圆头锤、尖嘴锤等(图1-18)。铁锤主要用来敲打金属,或用于打出戒指圈的雏形,还可配合戒指铁、砧等工具敲打。小钢锤主要用于镶石。如果要避免金属表面经敲打后留下痕迹,可以用皮锤、胶锤或木锤敲打。

图1-18 各种锤
(从左至右为铁锤、小钢锤、胶锤、皮锤)

2. 砧

砧是配合铁锤使用的重要工具,主要用来支撑敲击金属工件(图1-19)。砧的形状多种多样,有四方形的平砧,主要用于敲击工件的垫板;也有形似牛角的铁砧,可用来敲打弯角、圆弧。坑铁也属于砧的一种,它有大小不同的凹槽,还有各种尺寸的圆形和椭圆形凹坑(俗称窝

图1-19 砧
(从左至右为四方小平砧、坑铁、条模、窝砧、窝作)

位),主要用来加工半圆的工件。与坑铁类似的是条模,它上面有各种半圆形、圆锥形凹槽,并有各种图案。另外,还有铁质或铜质窝砧,它上面有一些大小不一的半球状凹坑,有的侧面还有半圆槽口,主要用来加工半球形或半圆形工件,与窝砧配合使用的是一套球形冲头,称为窝作。

3. 戒指铁

戒指铁是一支锥形实心铁棒(图1-20)。在将戒指修改圈口或整圆时,可将戒指托放在戒指铁上敲击,此外,焊接戒指也离不开戒指铁。与戒指铁类似的有直径比它大的厄铁,用于制作手镯。

十、索嘴、钢针、油石

图1-20 厄铁(左)、戒指铁(右)

1. 索嘴

索嘴是用来把持钢针以进行镶石或划线等操作的工具,将钢针套入索嘴内,再将索头收紧便可使用。索嘴有几种形状,木制索嘴柄有的像冬菇,称为冬菇索嘴,有的像葫芦,称为葫芦索嘴。除木制柄外,还有铁制柄,这种柄直径约1cm粗,柄身上布满防滑纹(图1-21)。

图1-21 索嘴、钢针、油石

2. 钢针

钢针在首饰制作中也是经常使用的工具,用于在金属板上划线、画图形、刻花等,钢针磨成平铲,可以用来起钉镶石和铲边等。

3. 油石

油石是镶石操作中不可缺少的工具,钢针用钝后,重新磨锋利,或将其磨成平铲,都需要使用油石。一块研磨性能良好的镶石铲的油石是很昂贵的。

十一、砂纸

砂纸有多种不同的粗糙程度,多用号数来表示,200#是粗砂纸,400#是较粗的,800#较细,1200#则最细,这些都是较常用的几种砂纸(图1-22)。砂纸有用纸作为垫底的,也有用布作垫底,纸质砂纸有黄色、黑色、深绿色。砂纸上的砂粒种类也有差别,有石英砂、金刚砂、石榴石砂等。

砂纸可用来消除工件因工具操作后留下的较粗糙的表面痕迹,随后再进行打磨抛光的工序。使用时要将砂纸组成不同的形状,如砂纸推木、砂纸棍、砂纸夹、砂纸针、砂纸尖等。

十二、度量工具

首饰制作是精密的工艺,所以用来量度的工具也要精密。常用的度量工具有钢板尺、游标卡尺、电子卡尺、戒指尺、戒指度圈、电子天平等(图1-23)。

图1-22 常用的砂纸

图1-23 常用度量工具
(从左至右为戒指尺、戒指度圈、钢板尺、游标卡尺)

1. 戒指尺

戒指尺用于测量戒指内圈的大小,也称指棒,这种戒指尺多是用铜制的,戒指尺顶端细,向底部渐渐增粗。戒指尺底部有木质手柄,通常有30cm长,在上面刻有刻度,不同的国家有不同的刻度,常见的有美度、港度、日本度、意度、瑞士度等。

2. 戒指度圈(又称指环)

戒指度圈主要用于测量手指的粗细,它是由几十个大小不同的金属圆圈组成的,每个圈上都标有刻度,用以表示它们的尺寸大小。

3. 游标卡尺

游标卡尺由两部分组成:一部分是不能移动的主体,称为主尺,上面有刻度,每一刻度为1mm;在主尺上面,有一个可以移动的部分,称为游尺或游动尺,尺上也有刻度,每一刻度为0.02mm。

4. 电子卡尺

电子卡尺的主尺结构与游标卡尺相似,不同的是游尺被电子显示装置取代,测量值可以直接从显示屏中读取。

5. 电子天平

电子天平在首饰制作中使用非常广泛,是不可缺少的称重工具。电子天平的规格有很多种,具有不同的测量精度和量程,可用于称量金属、钻石和宝石等(图1-24)。

图1-24 首饰生产常用的电子天平

第二节 首饰制作常用设备

一、压片机

压片机主要用于轧压金属片材或线材,分手动(图1-25)和电动(图1-26)两种,它们的工作原理是相同的。压片机的工作部位是一对圆辊,有光身镜面辊,但多数在对辊的两侧有线槽。压片前要揩净圆辊和金属条,调整好对辊间距,对辊的间隙是通过两侧的调节螺丝来调节的,后者又被压片机上的齿轮盘所控制,转动齿轮盘就可以调节对辊的间隙。压片中每次下压的距离不可太大,以免损坏机器。

图1-25 手动压片机

图1-26 电动压片机

二、压模机

压模机(又称硫化机,图1-27)主要用于橡胶模的硫化。压模需要一定的压力,它通过丝杠带动上压板来控制,丝杠上设有转盘方便操作。橡胶硫化需要在一定的温度下进行,在压板内部装有内置发热丝,通过控温器控制温度。与压模机配套的有各种模框,如单框、两框、四框等,模框大都用铝合金制作。

三、注蜡机

注蜡机的种类较多,比较先进的有气压注蜡机(图1-28)和真空注蜡机(图1-29)。两种注蜡机均采用气泵加压,使蜡液充填橡胶模腔。气压注蜡机一般采用普通温控器,价格相对较低廉,若产品对生产技术要求不高,可用此设备制作蜡模以大批量生产,但是蜡模的质量相对较难保证。真空注蜡机在注蜡前就先对胶模抽真空,使得充填性能优化,即使比较细薄的蜡模也容易注出。

真空注蜡机也有多种不同的类型,过去真空注蜡机的自动化程度相对低些,要用手拿住胶模对准蜡嘴,用脚踩动踏板才能注蜡,现在开发了自动化程度很高的真空注蜡机,例如日本Yausi(吉田)公司生产的数码式真空注蜡系统,它使用的二次注蜡系统能使蜡模的收缩降低到最低程度。一次射出加压、二次射出加压、二次射出加压开始时间、夹模压力、保持时间、压迫压力等注蜡参数,可以任意组合设定储存,达到最佳的注蜡设定参数组合。橡胶模放入夹模机械手内,输入程序号,按下开始钮即可,然后夹模、前进、自动对准注蜡口、抽真空、一次注蜡、二次注蜡、蜡模凝固保持、夹模开放等动作全自动完成。温度控制准,注出的蜡模质量好。

图1-27 压模机和铝合金模框

图1-28 气压注蜡机

图1-29 真空注蜡机

四、搅粉机、抽真空机

搅粉机是将铸粉和水搅拌成均匀浆料的机械,用它代替手工搅拌,不仅提高了效率,还可以使搅拌更均匀,它分为简易型和真空自动型两类。

简易型搅粉机(图1-30)结构简单、价格便宜,由于搅拌是在大气中进行的,容易卷入气体。石膏浆料搅拌后,需要使用抽真空机,除去浆料中的气体。常见的抽真空机是以真空气泵、气压表为主体的机器,在机箱顶部装有一块平板,平板四角有弹簧可以振动,平板上有层胶垫,并配有半球形的有机玻璃罩(图1-31),抽真空时罩子与胶垫之间结合紧密不易漏气,以保证抽真空的质量。使用简易型搅粉机开粉,整个过程要经过搅粉、抽真空、灌浆、抽真空等几道工序,比较繁琐。

图1-30 简易型搅粉机

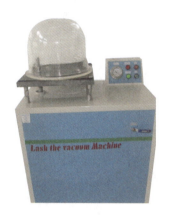

图1-31 抽真空机

真空自动搅粉机是比较先进的开粉设备(图1-32、图1-33)。这类机型集搅拌器和真空密封装置于一身,它可以实现从搅拌铸粉到灌浆成型的整个过程,而且一直处于真空状态,可以有效地减少气泡,使产品的光洁度更好。真空搅粉机一般配备了定量加水、设定搅拌时间、设定搅拌速度等功能,提高了开粉的自动化程度。与简易型搅粉机相比,它省去了搅粉、抽真空、灌浆、抽真空等复杂化操作,使操作更简单省时。

图1-32 真空自动搅粉机1

图1-33 真空自动搅粉机2

五、焙烧炉

首饰生产企业使用的石膏焙烧炉,一般均为电阻炉,也有一些采用燃油炉,通常都带有控温装置,而且要能实现分段控温。图1-34中是一种典型的电阻焙烧炉,可以实行四段或八段程序温度控制,这种炉子一般采用三面加热,也有一些采用四面加热,但是炉内温度分布不够均匀,焙烧时也不易调整炉内气氛。围绕使炉内温度分布均匀、消除蜡的残留物、自动化控制等目标,近年来不断出现了一些先进的焙烧炉,例如意大利Schultheiss公司研制的一种新炉型,它在加热元件和石膏型间加设耐热钢罩,炉顶装风扇,强制空气流过加热元件,并从炉底返回炉膛内,从而强制了炉内空气流动,另外改进了炉壳的绝热性能。而德国研制的一种更先进的焙烧炉,它采用炉床回转方式(图1-35),使石膏型能均匀受热,石膏内壁光洁精细,特别适合于先进的蜡镶铸造工艺要求,目前许多国家都在生产这种类型的焙烧炉。这种坚固结实的电阻炉,能提供最好的生产环境,用于铸造更大和更多数量的钢铃,而且这种焙烧炉的炉箱,四面加热,内有双层耐火砖隔板,热度均匀稳定,绝缘设备好。其排烟经过两次充分燃烧,最后排出的是无公害气体。

图1-34 典型的焙烧炉

图1-35 旋转焙烧炉

六、铸造机

现代首饰制造主要采用失蜡铸造的方法,由于首饰件都是比较精细的工件,在浇注过程中会很快发生凝固而丧失流动性,因此常规的重力浇注难于保证成型,必须引入一定的外力,促使金属液迅速充填型腔,以获得形状完整、轮廓清晰的铸件。铸造机是首饰失蜡铸造工艺中非常重要的设备,是保证产品质量的重要基础之一。根据所采用的外力形式,常用的首饰铸造机主要有以下类型。

1. 离心铸造机

离心铸造机是利用高速旋转产生的离心力，将金属液引入型腔。离心铸造中金属液的充填速度较快，对于细小复杂工件的成型比较有利，适合金、银等合金的铸造。对于铂金来说，由于处于液态的时间非常短，用离心铸造也是比较适合的。因此，离心铸造机仍是珠宝首饰厂家应用最多的铸造设备。

（1）机械传动式离心铸造机（图1-36）。这是一种简单的离心铸造机，通常在一些小型首饰加工厂使用。它没有附带感应加热装置，利用氧气-乙炔来熔化金属，或利用熔金机熔炼金属，然后将金属液倒入坩埚中进行离心浇注。

图1-36 机械传动式离心铸造机

（2）Manfredi牌离心铸造机（图1-37）。这种类型的离心铸造机是首饰加工厂常用的一种，它集感应加热和离心浇注于一体，适合铸造金、银、铜等合金。

（3）Yausi（吉田）牌离心铸造铂金机（图1-38）。这种类型的离心铸造机常用于浇注铂金合金，它是在真空中完成熔炼和离心浇注，因此有利于金属冶炼的质量。

与静力铸造相比，传统离心铸造存在以下缺点。

（1）由于充型速度快，浇注时金属液紊流严重，增加了卷入气体形成气孔的可能。

（2）型腔内气体的排出相对较慢，使铸型内的反压力高，使得铸件出现气孔的概率增加。

图1-37 Manfredi牌离心铸造机

（3）当充型的金属液压力过高时，金属液对铸型壁产生较大冲刷作用，容易导致铸型开裂或剥落。

（4）浇注时熔渣有可能随金属液一起进入型腔，从而影响铸件的质量。

（5）由于离心力产生的高充型压力，决定了离心铸造机在安全范围内，可铸造的最大金属量比静力铸造机要少。此外，由于铸造室较大，一般较少采用惰性气氛。

图1-38 Yausi（吉田）牌离心铸造铂金机

针对上述问题,现代离心铸造机在驱动技术和编程方面进行了很大的改进,提高了铸造过程的自动化程度。比如,铸型中心轴和转臂的角度设计成可变的,它作为转速的一个函数,能够从90°变化到0°。这样,就综合考虑了离心力和切向惯性力在驱使金属液流出坩埚和流入铸型的作用,这种装置有助于改善金属流的均衡,防止金属液优先沿着逆旋转方向的浇道壁流入。此外,在铸型底部加设抽气装置,方便型腔内的气体顺利排出,改善充型能力,并配备了测温装置,尽可能减少人为判断的误差。

图1-39　吸索机

2.静力铸造机

静力铸造机的工作原理是利用真空吸铸、真空加压等方式,促使金属液充填型腔。与离心铸造机相比,静力铸造机的充型过程相对平缓,金属液对型壁的冲刷作用较小,由于抽真空的作用,型腔内气体反压力较小,一次铸造的最大金属量也较多,因此静力铸造机得到了越来越广泛的应用。静力铸造机有很多种,其中最简单的静力铸造机当属吸索机(图1-39)。这种机器的主要构件是真空系统,不带加热熔炼装置,因此需要与火枪或熔金炉配合使用。吸索机操作比较简单,生产效率较高,在中小型首饰加工厂得到了较广泛的应用。但由于是在大气下浇注,金属液存在二次氧化吸气的问题。另外,因为整个浇注过程是由操作者控制的,包括浇注温度、浇注速度、压头高度、液面熔渣的处理等,所以人为影响铸件质量的因素较多。

图1-40　日本Yausi(吉田)真空铸造机

静力铸造机中比较先进,使用也比较广泛的是自动真空吸铸机,这类机器的型号特别多,如日本的Yausi(吉田,图1-40)、Tanabe Kenden(田边,图1-41)、意大利的Italimpianti(图1-42)、美国的Neutec(图1-43)等,都是世界上比较推崇的知名品牌。

不同公司生产的机器各有特点,但一般

图1-41　日本Tanabe Kenden(田边)铸造机

图 1-42　意大利 Italimpianti 铸造机　　　　图 1-43　美国 Neutec 铸造机

都是集感应加热、真空系统、控制系统等于一体,在结构上通常采用直立式,上部为感应熔炼室,下部为真空铸造室。采用底注式浇注方式,坩埚底部有孔,熔炼时用耐火柱塞杆塞住,浇注时提起塞杆,金属液就浇入型腔。一般在柱塞杆内设置了测温热电偶,它可以比较准确地反映金属液的温度,也有将热电偶安置在坩埚壁测量温度,但测量的温度不能直接反映金属液的温度,只能作为参考。自动真空铸造机一般在真空状态下或惰性气体中熔炼和铸造金属,因此有效地减少了金属氧化吸气的可能。它广泛采用电脑编程控制,自动化程度较高,所铸造的产品质量比较稳定,孔洞缺陷少,因而成为众多厂家比较优选的设备,广泛用于黄金、K金、银等贵金属真空铸造。有些机型还附带了粒化装置,可以制备颗粒状中间合金。

七、抛光机

首饰产品高度亮洁的表面离不开抛光,过去批量生产的首饰,通常采用人工执模后再进行抛光,为减少执模过程的人工费用和劳动强度,提高生产效率,现在越来越多地使用机械抛光设备用于首饰产品的抛光,甚至也有可以代替手工抛光的研磨抛光设备。常见的机械抛光设备有滚筒抛光机(图 1-44)、磁力抛光机(图 1-45)和振动抛光机(图 1-46)等。

图 1-44　滚筒抛光机　　　　图 1-45　磁力抛光机　　　　图 1-46　振动抛光机

首饰经执模、镶石后要进行最终的抛光,这是由打磨工借助抛光机来完成的。抛光机的款式有多种,有单工位、双工位、多工位等,通常由电机、密封罩、集尘系统组成,集尘系统可以是随机附带(图1-47),也可以是中央集尘器。电机转轴末端有反向锥形螺纹,布辘装在转轴上,利用抛光产生的摩擦力来进一步锁紧。在转轴上装上各种材质、形状不同的布辘、胶辘、绒棍、毛扫等,可以满足首饰对表面质量的不同要求。

图1-47 自带集尘装置的双工位抛光机

八、超声波清洗机

超声波是频率高于20kHz的声波。超声波清洗机的工作原理,是声波作用于液体时,会使液体内形成许多微小的气泡,气泡破裂时会产生能量极大的冲击波,从而达到清洗和冲刷工件内外表面的作用。超声波清洗源于20世纪60年代,在应用初期,由于电子工业的限制,超声波清洗设备电源的体积较大,稳定性及使用寿命不高,且价格昂贵。随着电子工业的飞速发展,新一代的电子元器件层出不穷,由于应用新的电子线路以及新的电子元器件,超声波电源的稳定性及使用寿命得到了进一步的提高,体积减小,价格逐渐降低。新的超声波电源具有体积小、可靠性高、寿命长等特点,清洗效率得以进一步提高,而价格也降到了大部分企业可以接受的程度。

超声波清洗设备主要由清洗槽、超声波发生器和电源三大部分组成。首饰厂比较常用的超声波清洗机(图1-48),具有清洗效率高、清洗效果好、使用范围广、清洗成本低、劳动强度小、工作环境好等优点。以往清洗首饰工件的死角、盲孔和难以触及的污垢之处,一直是一个棘手的问题,超声波清洗可以有效地解决这个难题。这对于首饰产品而言,具有特别重要的意义,由于首饰产品大都是结构复杂的精细工件,因此超声波清洗机成为首饰制作中不可或缺的重要设备之一。

图1-48 首饰制作常用超声波清洗机

第二章 制版工艺

制版(俗称起版)是首饰制作工艺流程的"源头",从设计部设计出来的各种款式首饰,都必须经过制版部制成模版后才能批量生产。首饰制版工艺最重要的是"忠实原貌",即原版的制作必须严格符合设计图纸的要求。要做到这一点,操作者必须首先利用立体思维来深入体验和领会设计者的构思和主题,还应兼顾原版的整体性、协调性、美观性和可操作性及表面质量,制版的效果直接影响到后续工序的加工难度和成品的质量。

目前,首饰制版的工艺方法主要包括手造银版、手工雕蜡版、机械制版几类。手造银版是一项传统工艺,随着人们不断地追求完美,设计图样日新月异,手造银版工艺也在随之不断地更新与完善。同时,随着科学技术的不断发展,以及企业对提高生产效率和降低生产成本的现实需要,逐步形成了手工雕蜡版、机械制版等新的制版工艺。

一般情况下,首饰企业在接到需要制版的客户订单后,首先由工艺技术人员根据订单了解客户要求及其工件的复杂程度、生产周期和数量等,确定相应的制版工艺。

第一节 手造银版工艺

手造银版是指通过锯、锉、焊、錾等手段,用银合金制作出棱角分明、线条清晰、表面光洁的原版。从这一点上看,手工制造银版的过程与首饰的手工制作过程是相似的。但是与一般的手工制作相比,起银版对工艺有更高的要求,它要求银版的表面、镂空部位和背面光洁无痕,各部分结构合理、镶嵌宝石的位置尺寸准确无误,有些还要求对镶嵌部位进行预加工,如对包镶宝石的内壁打槽或焊丝、对钉镶宝石的孔位周围起钉、对槽镶宝石的镶槽内壁打凹槽等。因此,起银版是首饰制作中工艺要求最高的工序,银版的制作质量完全依赖于起版师傅的手工技艺。

一、使用工具

风球、焊枪、戒指铁、手寸棍、卓弓(锯弓)、卓条(各种型号锯条)、坑铁、卜锉(大、中、小)、三角锉、四方锉、滑锉(大、中、小)、剪钳、砂纸、内卡尺、游标卡尺、吊机、牙针、球针、伞针、钻针、毛扫、焊瓦、拉线板、压片机等。

二、工艺流程

与手工雕蜡制版及电脑雕蜡制版不同,手工制作银版通常是将一个工件分解成若干部分,分别进行加工,然后用焊枪将制好的部件逐一焊接起来,组成一个完整的银版。对于结构较复杂的银版,需要采用摆坯等方法进行制作,一般过程如下。

（1）先将首饰设计图中的复杂原版分解为若干部件，对每一部件进行制作，如大小镶口、花叶、花丝、花头、骨架等预先分别制作好待用。

（2）准备一块100mm×60mm×1mm的铜板（或木板、铝板、塑料板），将胶泥在铜板上堆压成半球形（半球的直径与戒指的指圈相当）或平面。

（3）先将主石镶口压入胶泥中，注意压入深度要适当，过深或过浅都不行；再将副石镶口按图纸位置压入胶泥，摆放整齐；将花叶、花丝和骨架按图纸位置压入胶泥，摆放整齐；将大小镶口的爪插入大小镶口与其他部件之间的缝隙中，与对应的镶口贴平，注意爪的位置要对称，长度要比图纸标注的尺寸略长一些（若不是爪镶则这一步可以省略）。

（4）将一片50mm×50mm×0.4mm的铁皮卷成圆筒，焊好（或用胶纸粘牢），插入胶泥，围住摆好的部件；将已调好的石膏浆沿圆筒内壁缓缓注入，注入深度接近圆筒深度；常温下放置2~3h，待石膏自然凝固后，将石膏筒倒转放置，小心取下胶泥，缝隙里的胶泥用毛笔蘸汽油轻轻刷洗干净。

（5）风干残余汽油，焊接露出的原版背面；焊后趁热将石膏筒放入冷水中"炸洗"，除去石膏；用钢针挑去残留的大块石膏，将原版放入稀硫酸中浸泡10min，取出冲净，用吹风机吹干。

（6）检查原版正面是否有虚焊、漏焊和变形，若有则应进行补焊和修正；确认无误后剪去多余的爪（正反两面）。

（7）根据银版的体积、复杂程度焊接单股、双股或三股水口线，锉修焊缝。

（8）对银版整体进行锉修、砂纸打磨、胶轮打磨，直至表面光亮整洁、花型对称、线条流畅，即可转入下道工序，进行压模和注蜡操作了。

注意事项：摆坯是银版制作流程中最关键的一道工序，坯形的摆放效果直接影响到工件的整体质量，操作人员要根据订单图样充分发挥自己的想象，构思摆坯后的立体效果，并以个人熟练的技艺，对摆坯件不断地加以调整，使摆出的坯形结构准确、层次分明、立体感强、形态生动逼真。

第二节 手工雕蜡版工艺

一、手工雕蜡所用蜡材简介

1. 蜡材性质

蜡是手雕蜡版的基本材料，首饰行业使用的蜡料有多种，但只有少数的蜡材适用于雕刻，大多数的蜡材不是太脆就是太软，用常规的方法难以雕刻。评价一种蜡材是否适合雕刻，主要从五个方面考虑，分别是硬度、强度、韧性、均匀性和熔点。

用于雕刻的蜡材，应具有足够的硬度，这样的蜡材才能雕刻出精细图案的细节。

由于首饰的壁厚一般较薄，有些饰品的壁厚甚至在0.3mm以下，因此要求用于雕刻的蜡材具有足够的强度和韧性，这样薄薄的蜡材才不会出现变形或折断。

蜡材还应具有均匀的密度，蜡的壁厚必须一致，以保证蜡版的图案具有一样的清晰度。判断壁厚的方法通常很简单，将蜡版对着灯光看各处的颜色是否一样，壁厚不一样时颜色会不同，但是当蜡材的密度不均匀时，即使壁厚相同也会呈现不同的颜色，这可能给操作带来误判。

对于直接用于熔模铸造的蜡版,还要求蜡材在焙烧过程中容易融失、热膨胀小、焙烧后的残留物少等。

行业内著名的雕刻蜡材品牌有 Ferris、Matt 与 Kerr 等。

2. 蜡材分类

由于性能和加工特点不同,用于雕刻的蜡材有多种类别,通常按硬度、形状、用途对其进行分类。

(1)根据硬度分类。根据雕刻蜡的硬度不同,一般将其分为三类,分别是高硬度蜡、中硬度蜡和软蜡,为便于区分,相应采用了绿色、紫色和蓝色来代表。以 Ferris 牌雕刻用蜡为例,三种雕刻蜡的特点如下。

绿蜡:这种蜡硬度最高,弹性、柔软性最低。绿蜡是用得最广的雕刻蜡,可以雕刻角度锐利、精巧细致的蜡版,可以加工到 0.2mm 以下的厚度,能较好地保持其形状而不易变形,可以抛光到像玻璃一样光滑。由于绿蜡的韧性较低,在雕刻大而薄的曲面时容易碎裂。绿蜡的融化温度为 230℉(110℃),当它融化时可立即变成液体,而不是经过黏稠阶段后才慢慢变成液体。绿蜡可以方便地使用各种蜡锯、雕刻刀、蜡锉、机针进行切削、锉磨,加工出表面纹理。

紫蜡:紫蜡具有中等硬度,有较好的弹性与柔软性,适用于较复杂结构的蜡版制作。融化温度 225℉(107℃),紫蜡融化时先变得黏稠,然后才变成液体,其黏稠度在融化时也产生了变化,变得更柔软,因此不易承受精细图案。

蓝蜡:蓝蜡的硬度最低,很柔软,适用于简单结构的一般蜡版的制作,尤其适合应用于圆形或弧形表面的作品。蓝蜡最适合用刀来雕刻,不会像绿蜡那样飞出蜡粉,也不会像紫蜡那样一片片脱落。蓝蜡在 220℉(104℃)融化,但并不是变成流动性的液体,而是保持一定的黏稠性。蓝蜡用于母版表面图案的复制非常方便,但不适合制作非常精细的图案,也不适合用吊机来加工。

(2)根据形状、用途分类。以形状来分,有块状、片状、管状、条状、线状等蜡材;为便于生产运用,节省加工时间,降低蜡材损耗,也有各种预制定型蜡材或蜡配件可供选择,如戒指蜡、手镯蜡、镶口蜡、镶爪蜡及其他辅助造型蜡等。各种蜡材的形状、特点及用途见表 2-1 所示。

表 2-1 手工雕蜡常用蜡材

蜡材类别	形状	特点	应用范围
硬蜡(蜡砖、蜡片等)		硬度高,加工性能很好,非常适合雕刻	雕刻首饰、摆件及工艺品等蜡版
软蜡		硬度低,易弯曲变形,可自由塑形	仿生饰品,具有线条的设计,如植物叶片和藤蔓、昆虫翅膀肌理等

续表 2-1

蜡材类别	形状	特点	应用范围
戒指蜡		针对戒指的设计,有纯圆和"U"形平台状,包括实心和中空两种类型,节省加工时间	制作男戒、女戒
手镯蜡		可用于圆形、椭圆形、方形手镯的制作,节省加工时间	制作手镯
镶口蜡		形状、尺寸标准,强度较好,不易碎裂	标准宝石镶嵌
镶爪蜡		有较好的弹性,可以弯折,不易断裂	镶爪及直线造型

二、手工雕蜡常用工具

圆规、游标卡尺、三角板、卓弓(锯弓)、卓条(锯蜡专用号)、小锣机、索嘴、三角针(自制)、平铲、手术刀、圆锉(大、中、小)、滑锉(大、中、小)、电烙铁、竹叶锉、吊机、钻针、球针、牙针、伞针、大车针、大小波针、毛扫、砂纸、手寸刨、内卡尺等。

三、手工雕蜡的基本工艺流程

手工雕蜡制版的基本工艺流程如下。

看单开料 → 雕出粗坯 → 形成细坯 → 捞底 → 开出镶口 → 修饰蜡版

1. 看单开料

当制版人员拿到订单后,首先要根据订单了解客户的要求,例如尺寸、宝石的大小、限定的蜡重等。因此,必须了解以下术语的具体含义。

(1)手寸。指戒指的内径,通常分美度和港度两种,需用手寸棒量取。

(2)戒柄宽。指戒指最下端的宽度。

(3)戒柄厚。指戒指最下端的厚度。

(4)企边厚。指戒指花头边缘的垂直高度。

(5)侧身高。指花头位的侧面总高度,需用游标卡尺量取。

(6)光身位厚。指花头边无镶石部位的厚度。用内卡尺量取,若客户没有特殊要求,通常取 0.6～0.7mm。

(7)起钉位厚。 指起钉镶石位的厚度,需用内卡尺量取。若客户没有提供要求,可取 1～1.2mm。

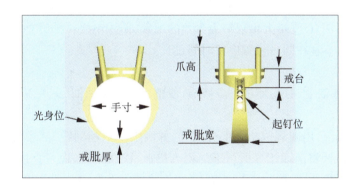

图 2-1 雕蜡主要尺寸的位置示意图

(8)镶石边厚。指花头镶石位周边的厚度,可取 1.1～1.3mm。

上述术语的具体位置,见图 2-1。

(9)宝石的大小。指宝石的尺寸。有些订单另附有石头的,可根据实际尺寸开镶口位;若订单无附石的,则要根据代码确定宝石的大小范围。

(10)蜡重。指手工雕蜡成品后的质量,由此可控制银模及工件的质量。

通常情况下,蜡与金属的比例关系如下:蜡:银=1:10;蜡:足金=1:20;蜡:18KY=1:15;蜡:18KW=1:15.5;蜡:14KW=1:14.5;蜡:14KY=1:14;蜡:10KW=1:10.5;蜡:10KY=1:10(KY是指黄色金合金,KW是指白色金合金,如14KY指14K黄色金合金,18KW指18K白色金合金)。

根据以上尺寸为基准,选取一块适宜做该工件的蜡料。蜡料的整体尺寸要大于该工件的整体尺寸,规则的工件可用游标卡尺、圆规直接从图纸上量取整体尺寸,根据图样的简易程度及形状将其稍放大,然后在蜡料上划线,再用相应的工具按划线位切开。不同的蜡材有不同的切割方法:切割硬蜡砖时,可用木工锯或金工锯切割;对于小的硬蜡型材可用装有蜡锯条的卓弓锯切;切割软蜡时,由于其质地柔软,黏性很大,使用锯条切割时容易粘锯条,采用刀片切割会比较方便。

注意事项如下。

（1）切割硬蜡时，如果切割速度过快，热量来不及散失，蜡屑就会粘在一起，同时粘住锯条，导致切割困难，甚至弄断锯条，所以在切割时注意用力大小和速度，不可一味追求速度。

（2）切割软蜡时，由于其硬度低，非常容易变形，因此切割时最好能够将软蜡置于平面支撑物上面，对于有纹饰的软蜡，最好先将蜡材切割完毕后，再进行纹饰的制作。另外，使用的刀具要锋利，刀锋与蜡片表面的角度要尽量减小，防止在切割过程中将蜡材扯开、扯皱。

（3）由于蜡材在实际加工过程中会有一定的消耗量，同时要留出铸造缩水量，因此下料时要留出足够的余量，一般余量为成品的15%左右。另外要注意，当戒指、吊坠、耳环配套时，花头位大小不同，一般情况下，戒指、吊坠比耳环大0.3mm。

2. 雕出粗坯

在所开的料上用圆规、三角板画出主要线条，包括内外轮廓，用粗卓条按画线锯下多余的部分，将车针安装于吊机上，进行初步加工，先将其制成粗轮廓。再换上牙针，将卓条、车针工具加工后的深痕、披锋等扫浅。然后用锉将牙针留下的痕迹锉掉，使表面平整。

若加工过程中不小心使蜡上出现缺边少角的现象，需用电烙铁沾蜡补上，补蜡时要注意电烙铁的温度，电烙铁不宜在同一位置停留时间过长。

3. 形成细坯

在雕出粗坯的基础上，对粗坯进一步修饰，使整个蜡样更精细、更美观、更符合设计图样的要求，形成细坯。

首先在该蜡样版上用圆规取出各部分尺寸，并画上一些辅助线，然后根据辅助线条，用车针除去余蜡，再用牙针将前面工序所留下的粗痕扫平，根据蜡样，也可直接用大小卜锉的平面部分，对蜡样的平面或外圈进行锉平。用大小平铲将蜡样上有角位或凸出部分铲平，并用手术刀加以修整。用大、小滑锉分别对蜡样整体进行平滑处理。竹叶锉是齿纹最细的一种，故用作工序的最后，经过该工序后的蜡样效果更佳。

制作中要注意蜡样尺寸要比其图样大3%左右，预留给执版锉损和铸造时的缩水。

4. 捞底

捞底的目的是减轻工件的质量。将球针、轮针安装于吊机上，在花头底部或戒指柄的内圈用球针除去多余的蜡料，一般情况下，起钉镶留底厚1.1mm；光金与窝镶留底厚0.7mm；包镶与迫镶留底厚1.6mm。然后用牙针、钻针、手术刀等对蜡样底部边框进行修整。在捞底过程中，要时常用内卡对花头处的光金位（指金属首饰坯件上除镶口、花饰、戒柄等部位以外的光滑面部位）、起钉位、迫镶位等进行尺寸测量，防止出现偏差。

5. 开出镶口

根据宝石的尺寸和大小，按照镶法开出镶石位，如迫镶、包镶需根据宝石的形状和大小，选用合适的钻针，在指定的石位钻孔，然后利用牙针、小滑锉、手术刀等进行修整，也可用牙针直接开石位。

6. 修饰蜡版

修饰蜡版是对雕蜡制版中出现的一些细节问题进行调整，以使所制的蜡版更符合订单（工件）的要求。修饰蜡版时要注意以下几点。

（1）蜡样的质量。要根据订单对首饰产品质量的要求调整蜡重，因为所用金属的质量可以通过蜡与各种金属的质量比计算确定。控制蜡样质量的方法,主要是利用修饰蜡底来增加或减少蜡重。

(2)各部位尺寸。所有的尺寸一定要与订单上图样的数据一致,如订单上没有尺寸的,可按常用尺寸来确定。

(3)质量与尺寸的关系需相互协调。

四、典型首饰的手工雕蜡工艺

1. 足金戒指雕蜡工艺

足金戒指主要采用浅浮雕工艺,其主要工艺流程如下。

(1)根据图样的规格尺寸,用卡尺度量尺寸、画线,用钢锯截取所需的蜡块(图2-2)。

(2)把锯得的蜡块放在板锉上磨平整,使蜡块磨出三个直角面,即正视面与俯视面成直角,正视面与侧视面(左或右)成直角,俯视面与侧视面成直角(图2-3)。

(3)三个直角面磨好后,用卡尺沿直角边分出中心垂线(包括上面和背面)及戒台高的平线(图2-4)。

(4)用圆规以戒台平线与中心垂焦点为起点,以手寸的半径在垂线上的点为圆心,画出手寸的圆弧线(包括背面,图2-5)。

图2-2 锯蜡

图2-3 锉蜡块

图2-4 画基线

图2-5 画加工线

(5)在圆弧的内侧钻一小孔,穿过锯条,用卓弓沿圆弧内线锯出手寸孔(图2-6)。

(6)用蜡机针修整内圆边,再用蜡戒刀旋刮出手寸的刻度读数,使两面大小一致(图2-7)。

(7)用蜡机针把戒指的外形车顺,用锉将左右两侧边缘修对称,并将底边修圆滑(图2-8)。

(8)用卡尺把侧面的中线画出,定好戒台和底边的宽度,用机针把两个侧边车好。如男戒是双斜直边的,则放在板锉上磨成斜平对称。注意保持戒指的整体形状,并用小蜡锉校正,使四面工整对称。

(9)用索嘴针把戒台(戒指面)的图案(字、形或花纹)画好,用斜口刀或中型关公刀依次雕刻边框内线、刻字、外边框线(图2-9)。用侧刀镂空框边与字边(形边)的空隙,再用平底刀平底。

图2-6 锯手寸孔

图2-7 旋刮手寸

图2-8 车修外形

图2-9 雕刻图案

(10)从稍远处整体观察戒面,用刀将字、形修正,精修执好,使蜡件的层次清晰,形象活泼生动,弧面平滑,线条薄圆。

(11)确定戒指整体准确无误后,用机针将手寸内底到戒台的蜡掏掉(图2-10)。留1mm壁边,其余面厚0.5~0.8mm,注意壁厚要均匀,忌过薄而穿孔,过厚而增加质量。

(12)用雕刻刀刮去表面划痕,用400#~600#砂纸粗打磨,再用800#~1200#砂纸细打磨(图2-11)。

图2-10 掏底

图2-11 砂纸打磨

(13)用天那水或白电油擦拭蜡件。

2. K金吊坠雕蜡工艺

吊坠多采用半圆雕工艺,它是圆雕和浮雕的结合技法。其主要工艺流程如下。

(1)截取一片与图样合适的蜡片(大小厚薄比图纸预留大一些),磨平滑用于复制图样的正面。

(2)将图样复制到蜡的平面上。

(3)用卓弓顺轮廓线,锯出外形。

(4)用刀雕刻或用机针车出外形边线,用锉刀修执好坯形。

(5)根据厚度要求,用机针或平口刀铲出高低层次。

(6)用刀雕出主次图形的立体粗坯(图2-12)。

(7)观察蜡坯整体形状,对局部进行修整,再执修处理成细坯(图2-13)。

图2-12 雕粗形

图2-13 修整粗坯

(8)将企身位底边线修窄为"抓边"(图2-14)。

(9)进行掏底,留出1mm的厚度,使各处厚薄均匀。

(10)用手术刀在"抓边"位开出夹层(纹饰),没纹饰的开成扁窗(图2-15)。

图2-14 修"抓边"

图2-15 开夹层

(11)用雕刻刀刮去表面划痕,用400#~600#砂纸粗打磨,再用800#~1200#砂纸细打磨。

(12)用天那水或白电油擦拭蜡件。

3. 项链雕蜡工艺

项链主要采用镂空雕工艺,属单面浅层次雕刻,以空来衬托出图案(花纹)的轮廓清晰感。其主要工艺过程如下。

(1)用15~20mm厚的蜡片,将主体图形(大形)锯出。

(2)将左右两边延伸扣接件分节,按大小次序锯好。

(3)链的后半段可选最小的节,采用铸造的办法复制即可。

(4)将链分好件数后,逐一单件处理。

(5)在图案(花纹)空位钻一小孔,用卓条顺纹饰边线锯空。

(6)从主体最高位至最低位呈弧线雕出层次。

(7)主体以圆面刻线为主,线悬边,显出立体感。

(8)项链连体,主高依次平顺。

(9)用雕刻刀刮去表面划痕,用400#~600#砂纸粗打磨,再用800#~1200#砂纸细打磨。

(10)用天那水或白电油擦拭蜡件。

第三节 机械制版工艺

近十几年来,首饰加工行业越来越重视高新技术的引进。例如,数控加工、快速成型等技术,这些高新技术的引进,使得首饰加工可以实现起版的机械化,不再是一个单纯的手工操作,而且加工出来的首饰原版具有对称程度高、尺寸精确、成本更低、节省时间等优点。

机械制版工艺按照实现的方式,可分为堆积式和递减式两种,与之对应的有快速原型工艺和机雕原版工艺。

一、快速原型工艺

快速原型(Rapid Prototyping,简称RP)技术是20世纪90年代发展起来的一项高新技术。自1988年第一台商品成型机问世以来,RP技术在发达国家制造业企业的新产品开发活动中得到了迅速的推广应用,大大地缩短了新产品的研发周期,确保了新产品的上市时间和新产品开发的一次成功率,从而有效地提高了产品在市场上的竞争力和企业对市场的快速反应能力。这项具有革命性的新技术一经出现,也得到了首饰加工企业的极大重视和关注,并很快就在行业中得到应用并迅速推广。

1. 快速原型技术原理

快速原型技术是在计算机辅助设计、计算机辅助制造、计算机数字控制、激光技术和新材料的基础上发展起来的一种新的制造技术。它基于离散和堆积原理,将零件的CAD模型按一定方式离散,成为可加工的离散面、离散线和离散点,而后采用物理或化学手段,将这些离散的面、线段和点堆积而形成零件的整体形状。具体的方法是,依据零件的三维CAD模型,经过格式转换后,对其进行分层切片,得到各层截面的两维轮廓形状。按照这些轮廓形状,用激光束选择性地固化一层层的液态光敏树脂,或切割一层层的纸或金属薄片,或烧结一层层的粉末材料,以及用喷射源选择性地喷射一层层的黏结剂或热熔性材料,形成各截面的平面轮廓形状,并逐步叠加成三维立体零件。快速原型技术不同于传统的"去除"加工方法,即用刀具切除大于工件的毛坯上的多余材料,而得到所需的零件形状,而是采用新的"增长"加工方法,即先用点和线制作一层"薄片毛坯",然后用多层薄片毛坯逐步叠加成复杂形状的零件。快速原型技术的基本原理,就是将复杂的三维加工分解成简单二维加工的叠加,所以也称为"叠层制造"。

2. 快速原型技术的优点

在传统的产品样品开发过程中,设计人员首先要将用户对产品的要求在大脑中形成三维形象,然后转化为二维的工程图纸,而二维的图纸又需在稍后由加工者转化为三维的样件或模型。在需要对产品进行修改时,必须重新经过这个三维与二维的多次转换过程。所以传统的产品样件设计开发过程采用的是一步接一步的方式,往往要花费很长的时间,延长了产品的开发周期。

快速原型技术融入了并行工程概念,解决了在工程设计中对产品进行快速直观分析论证的难题,使设计的产品在不需要任何中间工程图纸和中间环节的情况下,直接生成三维实体模型,因而它具有以下明显的优点。

(1)大大缩短新产品研制周期,缩短产品推向市场的时间。

(2)降低新产品的研发成本。

(3)提高新产品投产的一次成功率。

(4)支持同步(并行)工程的实施。

(5)支持技术创新,改进产品外观设计。

二、快速原型技术的主要方法

自美国3D公司1988年推出第一台商品SLA快速成型机以来,到现在已经有十几种不同的成型系统(图2-16)。其中比较典型的有SLA、SLS、LOM和FDM等方法。

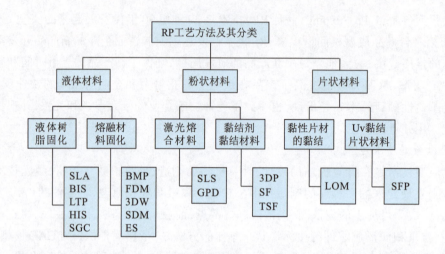

图2-16 快速成型主要工艺方法及其分类

1. 激光固化成型(SLA)

该成型方法以光敏树脂为原料,在计算机控制下,紫外激光按零件各分层截面数据对液态光敏树脂表面逐点扫描,使被扫描区域的树脂薄层产生光聚合反应而固化,形成零件的一个薄层;一层固化完毕后,工作台下降,在原先固化好的树脂表面,再敷上一层新的液态树脂,以便进行下一层扫描固化。新固化的一层牢固地黏合在前一层上,如此重复直到整个零件原型制作完毕。SLA法的原理,见图2-17。

SLA方法的特点是精度高、表面质量好、原材料利用率将近100%,能制作形状特别复杂(如空心零件)、特别精细(如首饰品、工艺品等)的零件。缺点是设备价格相对昂贵,且激光管寿命有限;可选的材料种类有限,必须是光敏树脂,且光敏树脂对环境有污染;须设计支撑结构,以便确保在成型过程中原型的每一结构部分能可靠定位。

2. 选择性激光烧结成型(SLS)

此项技术与SLA很相似,也是用激光束来扫描各层材料,但SLS的激光器为CO_2激光器,成型材料为粉末物质。制作时,粉末被预热到稍低于

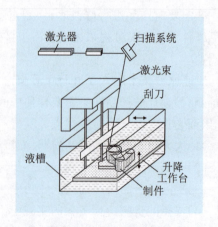

图2-17 SLA法原理图

其熔点温度,然后控制激光束来加热粉末,使其达到烧结温度,从而使之固化并与上一层黏结到一起。目前烧结的材料主要有标准铸造蜡、标准工程热塑性塑料等。SLS法的原理,见图2-18。

SLS方法的优点是不需要支撑,因为粉末是经过压实的。缺点是机器比较昂贵,制作的零件表面粗糙,后处理比较麻烦,成型件的致密程度较差。成型总时间与SLA相近。

3. 激光层压成型(LOM)

LOM成型方法是根据零件分层几何信息切割薄材(如纸张、金属箔材),将所获得的层片依次黏结成三维实体。一般采用一定功率的CO_2激光器进行切割,首先铺上一层薄材,然后激光器在计算机的控制下切出本层轮廓,并把非零件部分按一定形状切成碎片以便去除。本层完成后,再铺上一层薄材,用热辊碾压以固化黏结剂,使新铺上的一层黏结在已形成的形体上再切割。该技术由于每层所需的激光裁切时间很短,从而大大提高了模型的成型速度,适合大尺寸模型的制造,主要用于快速制造新产品样件、模型或铸造用木模。LOM法的原理,见图2-19。

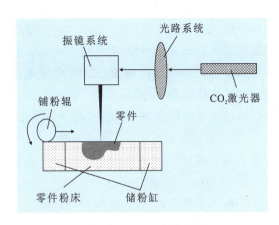

图2-18 SLS法原理图

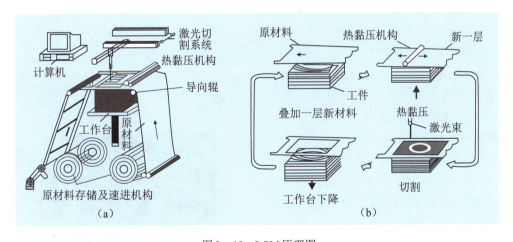

图2-19 LOM原理图

LOM方法的优点是成型速度快,无须支撑结构,易于使用。缺点是原型容易吸潮,必须立即涂漆或进行其他后处理,不能构建形状和结构复杂的精细原型。

4. 融积成型(FDM)

融积成型方法是采用融化堆砌的方法,将半熔融状的模型材料,用一定的运动规律去充填模型截面。FDM技术的关键在于成型材料的熔化堆砌。FDM设备的喷嘴,在计算机的控制下作零件堆砌所需的运动,成型材料由喷嘴以半熔融状态挤压出来。通过准确地控制成型材料的熔化温度和成型的工作环境温度,使从喷嘴中挤压出来的半熔融状态的成型材料在离开喷嘴的瞬间开始凝固,喷嘴以一定的厚度填充出一个个截面的薄层,然后在高度方向堆砌出成型零件的三维实体。其成型原理见图2-20。

FDM技术制作的模型,从材料的性能以及外观看,都非常接近实际,所以在制造概念模型和验证产品功能方面具有独特的优势,其应用范围越来越广泛。

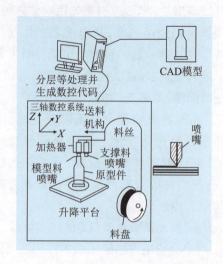

图2-20 FDM法原理图

三、首饰加工业使用的主要快速原型技术

首饰加工业中,目前使用的快速成型技术主要有SLA法和FDM法。其中,SLA法的典型代表是日本MEIKO公司开发的MEIKO电脑首版机,德国Envision TEC公司推出的Envision TEC Prefactory快速成型机原理也基本相近。而FDM法的典型代表是美国Solidscape公司生产的系列喷蜡机。

1. 日本MEIKO电脑首版机

MEIKO公司开发的首饰专用电脑首版机已有一定的历史,在首饰加工行业有较高的使用率。这种机型采用光敏树脂作模型材料,利用紫外激光使树脂固化,通过逐层扫描堆积形成原型。目前该公司推出了最新的MEIKO LCV-700型机型(图2-21)。

MEIKO机具有以下优点。

(1)可以接受3D CAD设计的数据资料(JSD、DXF、STL模式),以CAM软件制成的NC资料进行解读,使用小功率激光进行扫描,使树脂固化后逐层堆叠,快速精确制作出3D实物。

(2)采用高感应度细微造型专用树脂,黏度低,无污染,收缩小。

(3)树脂原型可直接翻制橡胶模。

(4)全电脑控制,可以同时制作多款不同的设计模型,高难度造型、对称或不对称造型、

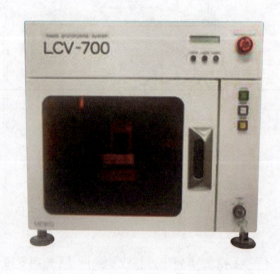

图2-21 MEIKO LCV-700型快速成型机

手工难完成的造型等都可以完成,大大减少了手工起版时可能产生的缺陷,确保模型与设计数据吻合一致。

(5)精密度可达到0.01mm,稳定性高,排版和操作简便。

(6)设备体积小,可以安放在一般办公室。

MEIKO首版机的操作规程如下。

(1)启动前的准备工作。①将3D CAD设计的数据资料转换成NC资料,将起版机的数控电缆可靠连接到电脑的串行端口上。②检查树脂容器中树脂的水平线是否在最低刻度线上,否则应添加树脂到中间基准线,并将滴漏的树脂擦干净,将加工室的门关严。

(2)启动。①起版机的总开关拨到ON的位置,接通电源,起版机液晶显示板出现提示。②打开右下方的激光器电源门,接通激光器电源,此时激光器需准备一段时间,大约需要15~20min,当液晶显示器提示the laser active,准备完毕。③按下起版机控制面板上的原点复扫按钮,树脂平台及激光头均回归原点,当液晶显示器提示Start forming时,起版机进入工作状态。

(3)加工操作。①通过电脑将数控数据传送到起版机,首先制作树脂支撑。②紫外激光按工件各分层截面数据对液态光敏树脂表面逐点扫描,使被扫描区域的树脂薄层固化。③一层固化完毕后,工作台下降,在原先固化好的树脂表面再敷上一层新的液态树脂,以便进行下一层扫描固化。④如此重复直到整个工件原型制作完毕,注意在加工过程中不能打开加工室门,否则加工过程将中断,不能再继续加工。⑤当加工完毕时,起版机蜂鸣器发出三声鸣叫,提示加工完毕,按原点复扫按钮。⑥待激光头及平台均回归原点,打开加工室门将平台抽出,放置在事先准备好的软布垫上,关闭加工室门,以避免光线射入。⑦用平铲轻轻将树脂模铲下,切不可将平台划伤,不能在平台处于安装位置时进行此项操作,以免破坏起版机的精度。⑧将平台上的固化树脂清理干净,如黏附太多可用酒精清洗,将平台固定在平台架上。⑨用镊子将铲下来的树脂模夹起,放到装有酒精的烧杯中漂洗,注意时间不能过长。⑩将漂洗后的树脂模放到紫光灯下照射1~2h,进行二次硬化,大件产品则要进行翻转,使照射更加均匀,树脂模型硬化完毕后,检查模型质量,个别有缺陷处需进行修整,随后即可压制胶模。

(4)关机。①确认激光头及平台均回归到原点,否则应按原点复扫按钮。②确认加工室门已关闭锁好。③关闭激光器电源和主开关电源。④将起版机的总开关拨到OFF位置,切断电源供应,并关闭不间断电源的开关。

2. 德国Envision TEC Perfactory快速成型机

2004年德国Envision TEC公司推出了Envision TEC Perfactory快速成型机(图2-22)。该机型采用DLP数字影像投影技术,投影系统采用的是最先进的DMD晶片,DMD晶片含有130万个规则排列相互交错的微型显微镜,每个显微镜的大小仅相当于头发丝的1/5,每个显微镜会根据

图2-22 Envision TEC Perfactory快速成型机

影像并由个别微电机控制移动角度,发射光线,把影像投射出来,系统根据三维模型的截面轮廓信息,将其转化为一幅 bitmap 图片,通过 DMD 晶片投射到树脂上,从而使其固化成型。在成型的过程中,可以选择使用不同的树脂材料,红色树脂硬度较高,适合于压模;黄色树脂熔点相对低,适合于直接铸造(倒模)。

Envision TEC Perfactory 快速成型机具有许多突出的优点。

(1)成型速度快,效率高。它利用投射原理成型,所以无论工件大小都不会改变成型速度,与其他快速成型机相比,这种机型所需的工作时间最短,特别是批量生产时,其高效率更加明显。例如,制作10件女装戒指原型,只需要3h就能同时生产出来。

(2)模型精度高,表面光洁度好。X/Y 解像度达 35μm,最小分层厚度为 25μm。

(3)使用成本低,它不是利用激光去固化成型,而是使用很便宜的灯泡照射。整个系统也没有喷射部分,所以避免了其他成型系统喷头常出现堵塞或激光管损坏的问题,减少了维护的成本,并节省了大量的时间。

(4)模型可以压胶模复制蜡模,也可以直接铸造成型。

(5)机身小巧,环境配备要求低,适合一般办公室环境使用,无毒,用电量低。

3. 美国 Solidscape 系列喷蜡机

在首饰加工行业采用的快速成型机中,基于 FDM 方法的由美国 Solidscape 公司生产的系列喷蜡机具有较大的实用性及商用价值。早期的机型是 Model Maker Ⅱ,随着该系统专门为珠宝首饰业界在设计方面做出的多方面配合改进,最新推出了 T66 Benchtop Ⅱ 及 T612 Benchtop Ⅱ 型号(图2-23)。改进后的 T 系列,无论在速度、质量、光洁度及设备稳定性等方面,比过去有了较大提升。

图 2-23　T66 及 T612 型喷蜡机

(1)T66喷蜡机的基本结构。T66快速成型机可以划分为软件和硬件两大部分,软件部分主要由 Quick Slice 组成,由操作人员指定有关分层数据,根据需要将三维计算机模型进行切片处理,处理完后,再按给定的材料、路径参数形成设备的驱动文件,通过接口驱动硬件系统。设备的硬件主要由三大系统组成:①三坐标数控系统,由沿 Z 坐标移动的工作平台系统和沿 X-Y 方向运动的喷嘴系统所构成。②成型材料的供料系统,由两个分别控制模型材料和支持材料的数据驱动系统所组成,按软件处理时确定的数据参数驱动材料,以一定的流量、速度形成填充层。③温控系统,控制材料的融化温度和工作环境温度,通常将成型材料的温度控制在比凝固温度高1℃左右,工作环境温度在16~27℃。

(2)T66喷蜡机成型的特点。T66制作的原型采用首饰蜡作材料,可以直接用于熔模铸造,制作的原型一般表面光洁度较好,尺寸精度也较高。不需要加支撑,T66自带的Modelworks软件会自动计算支撑的位置,在成型的过程中会自动创建支撑,支撑将模型包裹在里面,成型完毕用熔融的蜡水将支撑熔解,即可得到首饰蜡版。因此,从材料的性能和外观看,都非常接近实际,在制造概念模型和验证产品功能方面有其独特的优势,使其应用范围也越来越广泛。但是,该机也存在着需要改进的方面,如生产速度与SLA法比相对较慢,喷头容易堵塞损坏,维修成本高等。

（3）T66喷蜡机处理首饰原版的工艺过程。①运用首饰CAD设计软件建立首饰品的三维图形。②将图形文件转换为快速成型软件可以处理的STL文件格式。③快速成型数据处理软件对模型进行分层处理（切出各个等高面上的截面形状）。④对各个截面进行处理,找出需要支撑的部位、形状并形成支撑。⑤以适当的参数对各截面进行填充,使之在喷嘴运动下形成有一定厚度的薄层。⑥将处理好的设备驱动数据传递给喷蜡机,开始快速成型加工。喷蜡机采用首饰专用蜡作为模型材料,一般会用到两种蜡:一种是红蜡,熔点较低,用于外围支撑;另一种是绿蜡,熔点较高,用于形成模型。喷嘴每扫描一次,将堆积一次蜡,然后旁边的刮刀平移过来,将模型顶面刮平,使每层高度一致。每层堆积的厚度越小,表面的精度越高,但时间也越长,效率降低;每层堆积的厚度越大,速度越快,但表面易出现台阶,影响精度和表面光洁度。⑦待整个模型加工完毕,将蜡件取下,放到加热室烘烤,温度高于红蜡熔点,而比绿蜡熔点低,因而红蜡融化,而绿蜡不变,将融完红蜡的模型放入专用清洗液中清洗,除去残留的红蜡,吹干后即得到完整的绿蜡件,可以直接用于熔模铸造。

四、机雕原版工艺

机雕原版工艺是指利用机器设备对材料进行雕刻,去掉不需要的部分,最终得到首饰原版。此工艺主要采用小型的CNC数控雕刻机,既可对树脂、塑料、蜡型材加工,也可直接加工金属材料。擅长加工各种异型构造面,可加工非常复杂的立体轮廓和纹理。用于首饰成型的CNC数控雕刻机,以小型为主,典型机型有:北京精雕Carver300、法国嘉宝IS200、日本Roland Jwx-10首饰雕刻机等。通常雕刻机可以识别各种CAD软件的数据格式,如常见的Solidwork、Teehgem、ArtCam、JCAD3或Jewel CAD等,不过首饰的切削成型雕刻加工,因其刀具的特殊性,存在相当细小的角度和进度控制,用软件Type3可以获得更好的加工精度。

1. 机雕原版工艺过程

根据各种饰品造型结构的不同,可以将机械雕刻分为两种类型:平面雕刻和旋转雕刻。

（1）平面雕刻。平面雕刻是指在蜡材的一面进行雕刻,一般用来雕刻浮雕形式的饰品,如吊坠、胸针以及首饰中其他平面的配件等。以Roland Jwx-10首饰雕刻机为例,其步骤如下:①在三维建模软件中建立首饰模型,存储为DXF或者STL文件格式。②将蜡材固定在雕刻机的雕刻台面上,打开雕刻机,设置好刀具原点。③打开雕刻软件,选择"文件-机械选择",在选项中关闭旋转轴,将模型文件导入雕刻软件中。④表面加工,主要是将蜡材的表面整理平整,如果蜡材的表面已经修整过就可以略过这个过程。⑤粗加工,是指使用大号的刀具雕刻出蜡材的坯件。一般首饰都比较小,粗加工时可以使用0.5mm的尖头刀具。⑥精加工,是饰品完成的步骤,使用刀具一般为0.2mm即可。⑦将雕刻好的蜡件从雕刻台上取下,经过修整成为成品。

平面雕刻的主要工序,见图2-24。

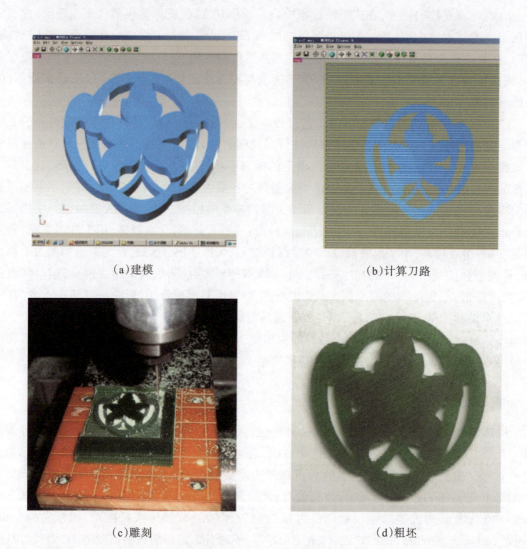

(a)建模　　　　　　　　　　　　(b)计算刀路

(c)雕刻　　　　　　　　　　　　(d)粗坯

图2-24　平面雕刻主要工序过程

需要注意的是,由于雕蜡机采用机械铣削加工的方式,有些部位并不能一次雕刻成功,需要手工进行修整。在雕刻的过程中,为了保证蜡模具有足够的机械强度,蜡模上需要额外地留一些蜡作为支撑,雕刻完毕后,需要手工减去支撑蜡,再对支撑部位进行适当的修整。在雕刻戒指的时候,掏底的部位是雕刻不到的,在蜡模雕刻完毕后,则需要手工进行掏底。

(2)旋转雕刻。旋转雕刻一般是指戒指的雕刻,在旋转轴的驱动下达到环形雕刻的目的,其步骤如下:①在三维建模软件中建立首饰的模型,存储为DXF或者STL文件格式。②将蜡材固定在旋转轴上,打开雕刻机,使用自动对刀功能设置好圆点位置。③打开雕刻软件,选择"文件-机械选择",在选项当中打开旋转轴,将模型文件导入雕刻软件中。④表面加工、粗加工、精加工、修整与平面雕刻一致。

旋转雕刻的主要工序,见图2-25。

(a)输出文件

(b)雕刻

(c)精加工

(d)修整

图2-25 旋转雕刻主要工序过程

2. 机雕原版的优缺点

(1)优点。首饰原版雕刻机是一种自动化的机械设备,机雕原版在工作效率、精细度和模型的修改方面都比手工雕刻有明显的优势。主要表现在以下方面:①加工效率高。在同样的工时、操作同样熟练的情况下,雕刻机所加工出的产品数量是人工无法达到的。同时,雕刻机可以在无人值守的情况下进行工作,能节省人力资源,降低成本。②精细度好。一般来说,首饰的雕刻都非常精细,形状规则。手工雕刻误差比较大,精细程度也不高;而机械雕刻可以精确到0.1mm,这是人力所不能及的。特别是在雕刻几何形以及文字方面,雕刻机的优势非常明显。在首饰加工中,使用雕刻机可以使得消耗更少,成型后质量更加精确。③模型修改方便。机械雕刻可以在计算机中对模型进行预览,如果有偏差可以及时修改,而尺寸的扩缩,只需要在计算机中对参数进行修改处理即可。相比之下,手工雕刻进行修改就麻烦得多,而且精细度也不够。

（2）缺点。机械原版雕刻的缺点主要表现在以下方面：①雕蜡工艺是一种既能进行加法雕塑，又能进行减法雕塑的一种塑造工艺。而机械雕铣蜡版只能用于雕刻，不能在三维空间内堆积，也就是说，雕刻机只能对材料进行减法雕塑，不能进行加法雕塑。这就使得机械的雕蜡工艺表现力减弱，同时消耗的材料也比较多。②机雕原版的形制一般比较死板，缺少灵活性。手工制作原版不会产生非常标准的方或者圆，但是会有一种朴拙的感觉存在于作品当中。机械的雕刻使得各个平面以及弧面都接近数字的标准，所以感觉比较生硬。③雕刻机现在只适用于形制规则、简单的首饰造型。由于软件和硬件的共同限制，雕刻机很难独立完成三维空间变换幅度较大、肌理丰富的首饰。一般来说，首先由雕刻机雕刻出大体的形制，然后由人工完成细节处理。

02 机械雕刻起版视频

第四节　原版的后处理

原版完成后，依据原版的材质、复制胶模方式、产品结构等，还要进行相应的后处理才能用于生产。

一、蜡（树脂版）的后处理

对于蜡版、树脂版，如果采用高温硫化橡胶压模，则要先将其铸造成银版；如果采用室温硫化橡胶，可以直接用来复模。

由于蜡（树脂）版有些结构不便直接制作出来，需要在铸造银版后再添加上去。

1. 翻铸银版

蜡（树脂）版合格后，应将其发至倒模部铸造成银版（倒银）。之所以选用银作为制版的材料，主要是因为银的价格相对便宜，性能也比较稳定，而金价格太贵，铜则会在压模过程中被氧化变黑，影响胶模质量。

2. 执版

对雕蜡后铸造出来的银版进行表面的修整，并完成一些手工雕蜡制版不能完成的工序，主要包括以下步骤。

（1）去水线。观察确定水线位置，用剪钳贴着工件将水线剪下，并用卜锉将剪过水线的位置锉平。

（2）整形。整形的目的是对剪完水线后的银版加以修饰，使其外形更平整、光滑。需注意以下方面的问题：①观察工件是否有变形等现象，若有变形等，用尖嘴钳或平嘴钳将其夹正，必要时可以利用铁平板和胶锤将银版矫正。戒指可套入戒指铁中，用铁锤敲打戒指铁顶端，同时用手将戒指向下轻压，并检查两者之间是否有缝隙，若有缝隙，可用铁锤木柄轻敲戒指缝隙处，并不断加以调整。②观察工件是否有砂窿，如有砂窿要用焊枪将窿位补上，用卜锉将工件的补焊位锉顺。还需观察是否有披锋和毛刺，若有披锋和毛刺，需将牙针、伞针安装于吊机上，轻轻摩擦卜锉锉不到的毛刺和披锋。③用滑锉将卜锉锉过的地方加以修整，再用砂纸尖打磨留下的痕迹,用圆形砂纸飞碟对槽位、凹位处进行进一步光滑处理。先用较粗的400#砂纸,再用较细的800#砂纸。④用砂纸推木顺着工件形状打磨,最后将1200#的砂纸棍、砂纸飞碟等适用工具安装于吊机上,对整个工件进行平整、顺滑、光亮处理。

执版整形时要注意的事项:①修理后的戒指需用手寸棍,检验手寸是否符合要求,若太大,则要将柄底锯断剪去多余部分,再进行焊接;若太小也要将柄底锯断,在锯断的位置上,补上银焊或者银片。②卜锉、滑锉在锉的过程中,若遇平面要保证平、直、正,若遇弧面则要作弧形运锉,用锉时其力度要均匀。③要根据戒指的内弧度选用适当的卜锉。

(3)焊接镶口。焊接镶口的材料,如银线、银筒等,一般由机械加工制作完成。焊接镶口的方法如下:①根据图样要求从圆筒的一端锯出一定高度的圆圈,利用锉刀、砂纸将锯下的银圈修平、打磨光亮。②用剪钳将银线按要求剪成小线条,用锉刀将剪痕锉平。③用油笔在筒圈上描出镶石位,然后用卓弓、圆锉在筒圈上开浅槽位,或者用方锉将银线的一端锉成平面。④用剪刀将焊片剪成小粒,点燃火枪,用镊子夹住剪下的线条,将其烧红沾上少许硼砂,用焊枪将剪下的银焊粒熔成一粒小圆珠,用沾有硼砂的银线将其沾起,另沾少许助焊粉,放入浅窝中。用焊枪火尖对准线条与圆圈的连接部位,使该部位呈亮红色,焊片在助焊粉和硼砂以及高温的作用下熔化成液态,将银线与圆圈紧紧焊合在一起。⑤根据爪位的要求高度,剪下高出的部分。调整爪与爪之间的距离,使其与石的尺寸和大小相符。⑥用白矾水将制好的镶口煮沸洗净,然后用吸珠将爪钉吸圆。

焊接镶口时,需注意以下问题:①爪位间距需分布均匀、爪钉坚固、稳实。②焊接时,焊液不能太多或太少,焊液太多会影响整个工件的外形,且后续工序难以处理,太少则焊得不牢。③爪的粗细要根据石的尺寸和大小确定,例如,2mm的四爪镶口,一般选用0.7mm的银线做爪;3mm的四爪镶,一般选用0.8mm的银线做爪。

(4)制作链的鸭利和鸭利箱。对于链类饰品,需要制作鸭利和鸭利箱,并需调校至开合灵活、方便。这里解释三个概念:鸭利、鸭利箱和扣利。三者都是粤语俗称,其中鸭利是指用于箱式卡扣的金属弹片,形如鸭的舌头;鸭利箱是指用于箱式卡扣的盒子;扣利是指将鸭利箱和鸭利侧面固定的卡扣,防止两者脱节(图2-26)。

加工鸭利:选取一定宽度的银片,一般片厚为0.5mm,将其折叠,然后清除银片各部位的毛刺、砂孔,并打磨光亮,将其焊接在银坯上。

加工鸭利箱:在银版的另一端,用银片制一个箱形,然后用卓弓按要求开一凹口位,在开口两端各焊上一挡片。用牙针清扫箱内的毛刺和披锋;用小滑锉、小方锉对箱口位进行光滑处理。

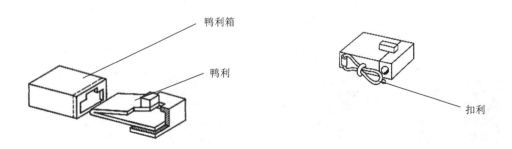

图2-26 鸭利、鸭利箱及扣利

较制:即调整鸭利与鸭利箱的吻合程度,使该套制出入顺畅。基本过程为:①将鸭利插入鸭利箱中,在鸭利中心取一适当的位置。②将两块银片组成"T"形,按要求焊接成一体,组成按键。③将这一按键焊接在所设的中心位置,形成可按鸭利。④将鸭利放入鸭利箱中加以调整,使其出入自如。但要注意当不按按键时,鸭利是不能拔出的。

(5)摔线耳环的具体操作过程。对于耳环、耳钉类饰品,需要制作较筒(指用于插入销轴的筒)和耳针。其制作工艺如下。

制三较筒:将铸造出来的耳环进行打磨等光滑处理。用卓弓在耳环所指定的地方将其锯开;用小圆锉在两条边的切面锉出两个半圆;选取一个符合规格的银筒,并锯成三段。用锉刀、砂纸等除去筒上的锯痕,将其焊接在相应部位。根据银筒孔位选取一条与其相吻合的银线,将其插入筒孔中,作耳环活动位。用锉刀、砂纸将该位锉平、打磨光亮。

制耳针:用卓弓锯开耳环的另一端,并将该位多余的部分锯掉。用压片机将一银片压成要求的厚度,用卓弓锯出两块,然后用锉刀将锯出的银块锉成两个符合尺寸要求的半圆。用焊枪将锉好的半圆分别焊在耳针位的两个切面处,并在耳环一端半圆的中心位,焊一条符合尺寸要求的银线作耳针。根据耳针的大小,在另一端的半圆上用钻针、球针,开出一个合规格的孔位,并用牙针、钻石针将孔位修理好。

制耳针时要注意的问题:当耳针插入孔位时两端的距离在5mm之间。摔线位要有一定的灵活度,不可太松也不可太紧。耳针位置的焊接处,不能出现歪、斜等现象。

二、银版的后处理

1. 校石位

银版的外形、尺寸、质量等修整合格后,对镶嵌宝石的饰品,需要在银版上定石位(图2-27)和校石位(图2-28),检验宝石与镶石位的吻合情况,如发现两者不吻合,则需对银版的镶口位进行调整,直到石位符合要求。

2. 焊水线(即浇铸线)

焊水线是为了在铸造过程中,预留下金属液流动的通道。在首饰铸造中,水线的正确设置是保证铸造质量的基本条件,很多的熔模铸造缺陷都直接或间接地由水线的设置不合理引起,如充填不足、缩松、气孔等常见缺陷。

图2-27 定石位

图2-28 校石位

在首饰铸造中,由于没有设置冒口对工件进行补缩,因而水线既成了金属液充型的通道,又需承担型内金属液凝固收缩的补缩任务,因而水线的设置要遵循一些基本的原则。

水口应呈圆形,以减少表面积,降低冷却速度。水口必须能使金属液容易流入型腔中,并能作为足够的金属液池补缩铸件凝固产生的体积收缩。水口应比铸件晚凝固,避免产生缩孔。

(1)水线的位置。水线应连接到铸件最厚的部位,在满足充型和补缩的前提下,水线应尽可能放在对表面光洁度影响小的位置。

(2)水线的数量。水线数量分多种,有单支、双支、多支等,水线的数量既取决于工件的大小,也与工件的结构有直接关系。对于外形小且壁厚有一定顺序的工件,一般采用单支水线;中等工件且有分散的主要壁厚点时,往往采用双支甚至多支水线,例如一般的戒指中型件和手镯大件等,以保证充型完整和良好的补缩。对于分支水线,要注意主干水线截面积必须足够,以给次级分支水线补充足够的金属液。

(3)水线的形状。在相同体积时,圆柱形表面积比方形表面积小,因而可以降低冷却速度,延长水线的凝固时间,使金属液容易流入型腔中。另外,圆形水线有利于金属液流动顺畅。

(4)水线的尺寸。水线需保证型腔完全充填,并能作为足够的金属液池补缩铸件凝固产生的体积收缩。因此,水线的直径不应小于工件厚度,水线的长度应适中,以保证水线比铸件晚凝固,避免产生缩孔、缩松。

(5)水线与工件的连接方式。水线应与工件以圆角连接,使金属液充型平稳,减少对型壁的冲刷,要避免水线在连接处缩颈,它会产生阻塞,从而影响金属液的充型过程。

第三章 熔模铸造工艺

熔模铸造工艺是由失蜡铸造工艺发展而来的。20世纪中期,人们将牙科行业中长期使用的失蜡铸造方法成功地用于首饰生产。从那时起,熔模铸造方法便在首饰制作行业中得到了广泛应用。随着橡胶及合成树脂、电子设备工业的发展,首饰铸造的设备和工艺水平得以不断提高,熔模铸造成为首饰制作的主要方法。目前大约有超过60%的金、银、铜首饰,通过熔模铸造方法制作而成。

典型的首饰熔模铸造工艺流程如下。

可以看出,首饰熔模铸造工艺流程复杂,涉及工序繁多,每个工序都会对铸件质量产生重要影响。据统计,大部分首饰缺陷属冶金缺陷,是在熔模铸造生产过程中产生的,后处理工序中冶金参数很少受影响,很少产生冶金缺陷,但修饰过程会将表面以下的铸造缺陷暴露出来。因此,要获得高质量的首饰产品,需要严格控制铸造生产过程中的工艺参数。

第一节 压制胶模

一、首版

制作胶模,首先要有首版(也称头版)。通常的首版是用银精制而成的(图3-1)。随着快速成型技术的广泛应用,有时也用树脂版或蜡版直接翻制橡胶模(图3-2)。制作好的首版要焊上浇铸线(俗称水线),是为蜡液注入与流出、浇注金属液而设的预留通道。水线的长度、粗细和在首版上的位置要根据首版的形状、大小决定。水线设置合理与否,将直接影响铸件的质量。

首版入模前,如果水线太长,需要根据实践经验将其剪短一点,以便于压模为原则,在这一过程中严禁一切杂质混入。

图3-1 银版

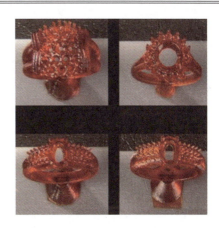
图3-2 树脂版

二、首饰胶的类型与特点

优质橡胶模是获得优质铸件的必要条件,制作模型使用的橡胶必须满足以下要求:耐腐蚀、耐老化、复原性能好、具有弹性和柔软性。市场上有许多模型橡胶供应,有天然胶,也有合成胶,包括硅橡胶。每种胶都有不同的性能,硅橡胶制作较容易,表面复制性能好,蜡模易于取出。但是硅橡胶易裂,在注蜡时会阻碍气体逸出。天然橡胶弹性好、撕裂强度高,但由于主链结构中有大量双键,易被臭氧破坏而导致降解或交联,故不能直接使用。合成橡胶有二烯系、丙烯酸酯系、氨基甲酸酯系、多硫系及硅氧烷系等。

目前,首饰铸造行业中常用的橡胶品牌为美国的Castaldo(图3-3),它含有一定量经改性处理的天然橡胶,有很好的柔韧性及抗断裂强度,使用寿命长。我国的国产胶主要品种为二甲基氯硅烷的水解缩聚物,分子链柔顺而耐高温,缺点是硬度高,抗撕裂强度差,使用寿命相对较短。

此外,现在也开发了冷固的硅酮和液体橡胶(图3-4),可以在室温下固化,无须在一定的温度下硫化,适合制作对温度敏感的树脂版或蜡版。

图3-3 Castaldo高温硫化硅橡胶片

图3-4 室温硫化液体硅橡胶

三、主要设备和工具

压制胶模的主要工具有：压模机、铝框、橡胶板、铝垫板、手术刀、剪刀、双头索嘴、镊子、油性笔。

压制胶模的设备是（硫化）压模机，其主要部件由两块内带电阻丝和感温器件的加热板、控温器、定时器（有些型号没有此装置）等组成。压模机上面还配有升降丝杠，用于压模及取出。配套使用的还有压模框，根据其一次压制胶模的数量，可以分为单板、双板、四板等型号，制造压模框的材料通常是铝合金。一般压模框的尺寸为48mm×73mm，有时使用加厚的压模框，压制较大的首版，尺寸通常为64mm×95mm。

四、压胶

1. 高温硫化橡胶的压胶

压胶看似简单，但在填压过程中必须注意以下一些细节问题。

（1）用油性笔沿着首版形状的边缘画出分型线（图3-5），作为切开胶模的上下模分型位置，而分型线位置的确定以易于取模为原则。在操作过程中，必须保证压模框和生胶片的清洁，压模之前要尽可能地将压模框清洗干净，操作者要清洗双手和工作台。

（2）必须保证首版与橡胶之间不会粘连。要做到这一点，在生产过程中通常优先使用银版，如果是铜版则应该将铜版镀银后再进行压模，因为铜版很容易与橡胶粘连在一起。

图3-5 画分型线

（3）要注意根据具体情况确定适当的硫化温度和时间。橡胶的硫化温度和时间，基本符合某一个函数关系，且与胶模的厚度、长宽、首版的复杂程度有关，通常将硫化温度设定为150℃左右，如果胶模厚度在3层（约10mm），一般硫化时间为20~25min；如果是4层（约13mm）则硫化时间可为30~35min……依次类推。

（4）硫化温度与首版的复杂程度密切相关。如果首版是复杂、细小的款式，则应该降低硫化温度，延长硫化时间（如采用降低温度10℃，延长时间一倍的方法）；反之，如果温度过高，则会影响压模的效果。

总之，在压胶过程中，要使橡胶片能够牢固紧密地黏结在一起，必须保证橡胶片的清洁，不要用手直接接触橡胶片的表面，而应该将橡胶片粘上后，再撕去橡胶片表面的保护膜。采取塞、缠、补的方式将首版上的空隙位、凹位和镶石位等填满，要保证橡胶与首版之间没有缝隙。在填埋橡胶时必须仔细，尤其对某些细小的花形和副石镶口的底孔等细微孔隙，必须用碎小的胶粒填满，用尖锐物质（如镊子尖）压牢（图3-6）。为了保证胶模在相当长时期内可以重复使用，应使胶模具有足够的厚度。通常一个胶模至少需用4层橡胶片压制。胶模厚度在压入压模框后，略高于框体平面约2mm（图3-7）。

第三章　熔模铸造工艺

图3-6　高温硫化橡胶填胶

图3-7　胶层厚度

压模机要先预热后,再放入已装压好橡胶的压模框,旋紧手柄使加热板压紧压模框(图3-8)。硫化初期可以检查一下加热板是否压紧,硫化时间到了以后迅速取出胶模,最好使其自然冷却至室温,即可用手术刀进行开胶模的操作。压好的胶模,要求整体不变形、光滑,水线不歪斜。压制胶模过程中,常见的问题、原因及对策,见表3-1。

图3-8　加压硫化

01
压胶视频(无声)

表3-1　压制胶模常见的问题及对策分析表

问　　题	原　　因	对　　策
成品胶模黏而软	硫化时间短或温度太低	检查压模机,调整工作温度、时间
胶模太硬、弹性大、无法放平	压力过大,时间长,温度太高	降低压力,调整工作温度、时间
部分胶模层脱开	由于手上油脂等,污染了橡胶而造成	去除污垢并保持胶模清洁
胶模充满气泡,表面凹陷	胶模、压模框填充得不紧密	将压模框充填紧实
橡胶过分收缩	硫化时温度太高	采用标准温度、时间

2. 室温硫化液体橡胶的填胶

室温硫化液体硅橡胶有两种组分：A组分是黏稠液体，B组分是固化剂。在制作胶模前，先检查硅胶的流动性，一般硅胶的黏度在35000CPS左右，黏度过大时会造成固化剂与硅胶搅拌不均匀，做出来的胶模有干燥不均匀的状况。操作步骤如下。

（1）首版的处理。将首版按工艺要求焊上水线，将水线与铜质浇口窝连到一起。将首版固定在有机玻璃平面上。然后将首版清理干净，在其表面均匀喷上脱模剂。在首版四周围一圈胶片或硬纸皮，保持胶模外壁和底部壁厚10mm以上。

（2）按比例混制胶料，一般硅胶与固化剂的比例是100∶（2~5），固化剂添加量越大，固化时间就越快，操作的时间越短。胶料一定要搅拌均匀，否则胶模会出现干燥固化不均匀的状况，影响其使用寿命及翻模次数，甚至造成首版的报废。

（3）抽真空除气处理。硅胶与固化剂搅拌均匀后，要进行抽真空处理，一般情况下，抽真空的时间不要超过10min，太久硅胶会产生交联反应而很快固化，导致无法进行涂刷或灌注。

（4）灌注（涂刷）操作过程。以涂刷或灌注的方式包覆首版。对于较小的首版，可采用整体灌注法，将抽真空后的硅胶料浇灌到筒内。可以分两次浇灌，先浇灌胶料到基本淹没首版，抽真空，再添加胶料到围筒齐平。对于形制较大的产品，可采用涂刷法。用软毛刷将胶料涂刷在首版表面，涂刷一定要均匀，30min后粘贴一层纱布或玻璃纤维布来增加硅胶的强度和拉力。然后再涂刷一层硅胶，再粘贴一层纱布或玻璃纤维布，如此重复两三次，这样做的目的是提高硅胶模的使用寿命及翻模次数。然后在涂刷的硅胶表面敷上一层石膏，石膏的厚度要满足搬运和使用的强度要求。也可以制作玻璃钢靠模，它的强度高、质量轻，便于生产操作。

（5）固化。填胶后将其静置，胶料产生交联反应而固化，一般固化时间为1.5~2h。

五、开胶模

将压制好的胶模割开，取出首版，并按样版的形状、复杂程度，将胶模分成若干部分，使胶模在注蜡后能顺利地将蜡模取出。

在首饰工厂中，开胶模是一项技术要求很高的工作。因为开胶模的好坏，直接影响到蜡模以及金属毛坯的质量，而且还会直接影响胶模的使用寿命。技术高超的开模师傅开出的胶模，在注蜡后基本没有变形、断裂、披锋的现象，基本不需要修蜡、焊蜡，能够节省大量修整工时，提高生产效率。

开胶模使用的工具比较简单，主要包括：手术刀及刀片、镊子、剪刀、尖嘴钳等。

注意初学者使用手术刀开胶模时，必须使用新刀片，这样反而不容易划伤手指。切割过程中，为保证刀片与橡胶模之间的润滑，可以在刀片上蘸水或洗涤剂（但是千万不能蘸油，因为油会使胶模变硬、变脆）。开胶模通常采用四脚定位法，也就是说，开出的胶模有四个脚，相互吻合固定，四脚之间的部分采用曲线切割，以呈起伏的山状为好，尽量不使用直线或平面切割（图3-9）。

图3-9 胶模的四角定位

一般的开模顺序如下(以开戒指胶模为例)。

(1)压过的胶模冷却至室温,用剪刀剪去飞边,用尖嘴钳取下水口块,拉去焦壳。

(2)将胶模水口朝上直立,从水口的一侧下刀,沿胶模的四边中心线切割,深度为3~5mm(可根据胶模的大小适当调整),切开胶模四边。

(3)从第一次下刀处切割第一个脚。首先割开两个直边,深度为3~5mm(可根据胶模的大小适当调整),再用力拉开已切开的直边,沿45°切开一个斜边,形成一个直角三角形开头的脚。这时切口的胶模两半部分应该有对应的阴、阳三角形脚,相互吻合。

(4)按照上一步的操作过程,依次切割出其余三个脚。

(5)拉开第一次切开的脚,用刀片平衡地沿中线向内切割(如果是曲线切割法则应按照一定的曲线摆动刀片,划出鱼鳞状或波浪形的切面),一边切割一边向外拉开胶模,快到达水口线时则要小心,用刀尖轻轻挑开胶模,露出水口。再沿戒指外圈的一个端面切开戒指圈,直至戒指花头和镶口处。

(6)花头的切割是开胶模过程中,相对比较困难和复杂的步骤。如果主石镶口是爪镶,切割花头就应该沿花头一侧两个爪的轴线切开,然后向花头另一侧的戒指外圈端面切割,直至切割到水口位置。这时胶模已经被切成了两半,但还不能将银版取出。

(7)切割留有镶口、花头的胶模部分。在主石两侧与副石镶口间隔处,沿主石镶口外侧已切开的两个爪轴线切割,直至对称的另两个爪;然后沿主石镶口外侧的一个剩余方向切割,与刚才切割的面相交,使主石镶口呈直立状;再在主石镶口及副石镶口的爪根部横切一刀,使花头成为两部分。拉开已切开的部分,注意观察有无被拉长的胶丝(通常是副石镶口的孔和花头的镂空部分形成的),若有则需将其切断。

(8)取出银版,注意观察银版与胶模之间有无胶丝粘连,若有粘连,必须切断。

(9)开底。沿戒指内圈深切整个圆周,使切口接近底面,不要切透。翻转胶模,用手指抓住胶模两边向切口方向折弯,可以观察到内圈的圆周切口以及镶口、花头部分切口的痕迹(因未切割透,剩余的橡胶拉伸形成略凹的浅痕)。沿着这些痕迹切割至对应水口的位置,再沿水口平等的方向切割8~12mm宽度的长条,长度接近水口。这时的底部形成一个类似蘑菇的形状,已经能够将戒指的内侧部分从切开的底部拉出(图3-10)。这样的胶模在注蜡后,才能顺利地将蜡模取出。

图3-10 戒指胶模开底

02 开胶模视频(无声)

03 压胶+开胶模视频

第二节　蜡模制作

胶模开好后就可以进行注蜡操作了,注蜡操作应该考虑蜡温、压力以及胶模的压紧度等因素。利用胶模唧压出来的蜡模称为注蜡(俗称唧蜡),而利用雕刻技艺制作的蜡模称为雕蜡。

一、首饰熔模铸造用蜡料

在失蜡铸造过程中,首饰蜡模的质量直接影响最终首饰的质量,为了获得良好的首饰蜡模,蜡模料应具备如下的工艺参数。

(1)蜡模料的熔点应适中,有一定的融化温度区间,控温比较稳定,具有适合的流动性,蜡模不易软化变形,容易焊接。

(2)为保证首饰蜡模的尺寸精度,要求蜡模料的膨胀收缩率要小,一般小于1%。

(3)蜡模在常温下应有足够的表面硬度,以保证在失蜡铸造的其他工序中不发生表面擦伤。

(4)为使蜡模顺利地从橡胶模中取出,蜡模能弯折而不断裂,取出模具后它又能自动恢复原形,首饰用蜡应有较好的强度、柔韧性和弹性,弯曲强度应大于8MPa。

(5)加热时成分变化少,燃烧时残留灰分少。

蜡模料的基本组成有蜡、油脂、天然及合成树脂及其他添加物等。蜡质为基体,添加少量油脂作为润滑剂,各种树脂的加入可使蜡模韧化而富有弹性,同时提高表面光泽度。在石蜡中加入树脂使石蜡晶体生长受阻,因而细化了晶粒,提高了强度。

目前,市场上较流行的首饰蜡有珠粒、片状、管状、线状等多种形状,颜色有蓝色、绿色、红色等类别(图3-11、图3-12)。压制蜡模用的蜡以蓝色最常见,其融化温度在60℃左右,注蜡温度为70~75℃。

在处理中心浇道用蜡与蜡模用蜡时,应尽可能有所区别。中心浇道用蜡的熔点应比蜡模用蜡低一些,避免脱蜡时在铸型内产生应力而导致裂纹。

图3-11　绿蜡片

图3-12　红蜡珠

二、主要设备工具

蜡模制作的主要设备和工具：注蜡机（俗称唧蜡机）、气枪、胶模夹板、珍珠粉袋、滴蜡针、酒精灯等。

三、注蜡（唧蜡）

将蜡料放入蜡缸内，蜡料必须保持清洁，从蜡嘴中连续漏蜡的原因，大多数情况是因为蜡中含有灰尘，或外表的微粒堵塞阀门所致。因此，如果怀疑蜡中含有外来杂物，或是重复使用的蜡料，则必须先加热到适当的温度融化后，再用数层纱布过滤方可使用。

调整蜡缸和蜡嘴温度到要求温度。注蜡机中的加热器和感温器能够使蜡液达到并保持一定的温度，通常注蜡机中蜡的温度应保持在 70～75℃ 之间，这样的温度能够保证蜡液的流动性。如果温度过低，蜡液不易注满蜡模，造成蜡模的残缺；反之，蜡液温度过高，又会导致蜡液从胶模缝隙处溢出或从注蜡口溢出，容易形成飞边或烫伤手指。

注蜡之前，首先应该打开胶模，检查胶模的完整度和清洁度。如果是使用过的胶模，应向胶模中尤其是开头比较细小复杂的位置喷洒脱蜡剂（也可撒上少量滑石粉），以利于取出蜡模。脱蜡剂和滑石粉不可同时使用，滑石粉不可用得太多，以免造成蜡托表面粗糙。拍一次滑石粉可起 3～6 个蜡件。

注蜡机蜡筒内的压力是由外接气泵（源）提供的，注蜡前检查气压，根据胶模内蜡件复杂程度调好注蜡时间（图 3 - 13）。一般蜡样平面较多、形状简单的用 0.5～0.8kg/cm² 气压；蜡样壁较薄、镶石位多及空隙位窄细的用 1.0～2.0kg/cm²。大件蜡样的注蜡时间约 4s，小件蜡样 2s。然后用双手将夹板（可以是有机玻璃板或木板、铝板等）中的胶模夹紧，注意手指的分布应该使胶模受压均匀；将胶模水口对准注蜡嘴平行推进，顶住注蜡嘴后双手不动（图 3 - 14），用脚轻轻踏合注蜡开关并随即松开，当注蜡机的指示灯由黄色变为红色，再变为绿色，表示注蜡过程已结束，可将胶模从蜡嘴旁移开。

图 3 - 13　调节气压

图 3 - 14　注蜡

按注蜡的先后顺序放好胶模,当连续做6~7个胶模后,即可打开第一个胶模(如果胶模有底,应该首先将模底拉出),取出蜡模,以此类推。取模时要注意手法(图3-15),避免蜡件折断和变形,蜡模取出后仔细检查,如果出现缺边、断爪、变形、严重飞边或多个气泡等问题,这样的蜡模就属于废品。如果是一些很细小的缺陷,则应该进行蜡模的修整。

图3-15 取蜡模

四、修整蜡模

主要工具:手术刀、电烙铁、刮蜡刀、滴蜡针等。

一般而言,注蜡后取出的蜡模都会或多或少地存在一些问题,如飞边、夹痕、断爪、肉眼可见的砂眼、部分或整体结构变形、小孔不通、花头线条不清晰、花头搭边等。对于飞边、夹痕、花头不清晰、花头搭边等缺陷可以用手术刀片修光(图3-16)。对于砂眼、断爪,可以用焊蜡器进行焊补(图3-17)。小孔堵塞的蜡件,可以用焊针穿刺孔眼。对于变形的蜡模,可以在40~50℃的热水中进行校正。

图3-16 修光蜡模　　　　　图3-17 焊补蜡模

另外，对于手寸不同的戒指，如果等到执模时再改指圈，既费工又费料。因此，首饰生产企业都是在修蜡模时直接改指圈（图3-18）。使用焊蜡器改指圈非常方便，焊好后用刀片修整一下焊缝即可。最后，用蘸酒精的棉花清除蜡模上的蜡屑。

图3-18 蜡模改手寸

五、常见的蜡模缺陷

常见的蜡模缺陷，见表3-2所示。

表3-2 常见的蜡模缺陷成因及解决措施

问题	图片	可能原因	解决方法
蜡件有披锋毛刺		①注蜡机气压偏高，或蜡温偏高； ②夹胶模两侧的夹力太小； ③胶模在出蜡嘴处停留时间过长	①调低注蜡机气压或蜡温； ②增加胶模两侧的夹力； ③缩短注蜡时间
蜡件不完整		①注蜡机气压偏低或蜡温偏低； ②胶模被夹得过紧； ③注蜡机出蜡嘴被堵塞； ④胶模有问题，内部气体不能溢出； ⑤胶模温度过低，流入的蜡液很快凝固	①调高注蜡机气压或蜡温； ②将胶模两侧的压力减小； ③清洁疏通注蜡机出蜡嘴； ④在胶模内部的死角位开"走气线"； ⑤将胶模放入20~22℃室温1~2h后，再开始注蜡
蜡件内有气泡		①注蜡机气压过高； ②注蜡机内蜡的量偏少； ③蜡温过高或过低； ④胶模进蜡口没有对准蜡机的出蜡嘴，空气随蜡一起进入	①将注蜡机的气压调准确； ②增加注蜡机内的蜡量（不少于蜡机容量的1/2）； ③将蜡温调节在正确的范围内（65~75℃）； ④将胶模的进蜡口对准蜡机的出蜡口顶紧，不留任何间隙

续表 3-2

问题	图片	可能原因	解决方法
蜡件易断裂		①蜡温偏高；②循环使用的"旧蜡"太多；③蜡件取出时，放在胶模内时间过长；④使用劣质蜡或蜡质过硬	①调低蜡温；②注蜡机内增加新蜡（新蜡占机内总蜡量60%以上）；③大批量循环注蜡时，一次少注几个胶模；④改用高品质蜡或偏软质的蜡
蜡件易弯曲变形		①蜡温过高；②蜡在胶模内未冷却之前，过早将蜡件从胶模中取出；③夏天使用过于软质的蜡	①调低蜡温；②待蜡件在胶模内冷却后再取出（1min以上）；③夏天应选用较为硬质的蜡

第三节　铸型制作

铸型的制作是用配比好的铸粉浆料，将其均匀注入放有蜡模树的铸杯（筒）里，经过脱蜡的工艺过程，在铸杯（筒）内留下一个与蜡模一样的型腔。

一、种蜡树

蜡模经过修整后，进入下一道工序——种蜡树。

种蜡树就是将制作好的蜡模按照一定的顺序，用焊蜡器沿圆周方向依次分层地焊接在一根蜡棒上，最终得到一棵形状酷似树形的蜡树，再将蜡树进行灌石膏等工序。种蜡树的基本要求是：蜡模要排列有序，蜡模之间不能接触（至少要留有2mm的间隙），要在保持足够大间隙的基础上，能够尽量多地将蜡模焊在蜡树上，蜡树与石膏筒壁之间最少要留5mm的间隙，蜡树与石膏筒底要保持10mm左右的距离，以此确定蜡树的大小和高度。

种蜡树必须"种"在一个圆形橡胶底盘上。这个橡胶底盘的直径是与石膏筒的内径配套的。一般橡胶底盘的直径有3寸、3.5寸和4寸（1寸≈3.33cm）。底盘的正中心有一个突起的圆形凹孔，凹孔的直径与蜡树的蜡棒直径相当。种蜡树的步骤如下。

（1）将蜡棒的一端，蘸一些融化的蜡液，趁热插入底盘的凹孔中，使蜡棒与凹孔牢固结合（图3-19）。

图3-19　种蜡树

(2)逐层将蜡模焊接在蜡棒上,可以从棒底部开始(由下向上),也可以从蜡棒上部开始(由上向下),直至完成(图3-20)。如果"种蜡树"的技术比较熟练,两种方法操作起来的差别不大。但是一般采用从蜡棒上部开始(从上向下)的方法比较多,因为这种方法的最大优点是可以防止融化的蜡液滴落到焊好的蜡模上,能够避免因蜡液滴落造成的返工。

图3-20 种好的蜡树

种蜡树的操作过程中应该注意以下一些问题。

(1)种蜡树时应尽量避免厚的工件和薄的工件混合在一起,因为铸造时不容易使两者的质量同时得到保证。

(2)根据蜡件的形状,选择蜡件与蜡棒之间的夹角,以保证金属液能够平静迅速地流入为原则。一般选择蜡模的方向倾斜向上,这个夹角可以根据铸造方法、蜡模的大小和蜡件的形态进行适当的调整。离心铸造时,蜡模与蜡棒呈45°~60°;真空铸造时,蜡模与蜡棒呈70°~80°,这样有助于控制凝固方向。

(3)在种蜡树之前,首先应该对橡胶底盘进行称重。种蜡树完毕,再进行一次称重。将这两次称重的结果相减,可以得出蜡树的质量。将蜡树的质量按石蜡与铸造金属的密度比例换算成金属的质量,就可以估算出大概需要多少金属进行浇铸。通常,银:蜡=10:1;14K:蜡=14:1;18K:蜡=16:1;22K:蜡=18:1。

(4)种蜡树完毕,必须检查蜡模是否都已焊牢。如果没有焊牢,在灌石膏时就容易造成蜡模脱落,影响浇铸的进行。检查蜡件的水线与蜡棒的连接是否圆滑,避免夹角或留有空位。最后,应该再检查蜡模之间是否有足够的间隙,蜡模若贴在一起,应该分开。如果蜡树上有滴落的蜡滴,应该用刀片去除。

二、铸型制作

不同首饰金属的熔点有高低之分,相应地,铸型采用的材料也不一样。常规的饰用金、银、铜合金,熔点一般低于1100℃,因此普遍采用石膏铸型;而对于铂、钯、不锈钢等高熔点材料,必须采用酸黏结铸粉制作的陶瓷铸型。

1. 石膏铸型的制作

(1)石膏铸型的优点:①复印性好,石膏析晶的同时发生膨胀,能盈满模型的微小细部,纹饰清晰、立体感强;②溃散性好,对于细薄复杂的饰品,可以方便去除残余铸粉而不损伤铸件;③操作方便,易于掌握。

(2)石膏铸粉的组成。铸粉由耐火材料、黏结剂和添加剂等组成。耐火材料采用石英和方石英,能避免高温下分解;黏结剂采用半水石膏,将耐火材料固定形成铸型;添加剂用来控制黏结材料何时凝结,调整铸粉浆料的操作工艺性能。

目前,市场上有多种类别的铸粉,使用较广泛的国际品牌有美国的 Kerr 牌、R&R 牌,英国的 SRS 牌、Golden Star 牌;国产的铸粉品牌有高科牌、猎人牌等品种,在性能、价格方面各有其特点。

(3)开粉灌浆过程。由于蜡树上产生静电时易吸附灰尘,在灌浆前可以将其浸入到表面活性剂或稀释的洗涤液中,再用蒸馏水洗净后干燥。在开粉灌浆的过程中,应注意适当控制石膏浆料凝结时间,凝结过快时气体尚未完全排除;过慢时粉料又容易在浆料中沉降,在局部改变了固液比,使首饰上下面的粗糙度出现差异。浆料的凝结时间既取决于铸粉的性能,又与开粉操作、水粉比有很大关系。

首先拿干净的铸筒,用透明胶纸紧贴筒壁围一圈,防止浆料从筒壁上的孔里漏出,将蜡树套入铸筒内,橡胶底与铸筒紧贴,使蜡树稳固在铸筒中央(图3-21)。

根据铸筒的容量计算所需铸粉的质量,铸粉与水按规定比例称量(图3-22),手工或放入搅拌机内均匀搅拌2~3min(图3-23)。

将搅拌好的铸粉浆料,在抽真空机内抽真空1~2min,再将抽真空后的铸粉浆均匀地注入铸筒中(图3-24),然后抽真空2~3min,并同时不断振动铸筒,以防止气泡附在蜡模上(图3-25)。

图3-21 石膏铸型筒

图3-22 称量铸粉

图3-23 手工搅拌铸粉浆料

图3-24 灌浆

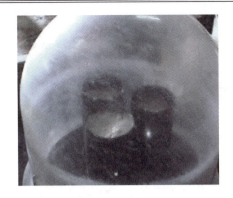
图3-25 抽真空

（4）静置。铸型完成灌浆抽真空操作后，应静置1.5~2h，使石膏型充分凝固硬化（图3-26）。然后将橡胶底座取走，拆除钢盅周围的包裹材料，清除溅散在四周的粉浆，并在铸型侧及铸型面上做好标记。

图3-26 铸型静置

09 石膏铸型制作视频（无声）

（5）粉浆制作与灌铸需注意的问题。①按所要求的水粉比进行搅拌。搅拌铸粉浆料时，动作要敏捷，搅拌要充分，直至无粉末结块为止，以便粉浆达到较好的流动性。最好通过1~2min的真空脱泡后，迅速将粉浆注入装好蜡树的铸筒中。②粉浆注入铸筒后进行第二次真空脱泡，一般需要2~3min，边脱泡边振动铸筒，这样容易使气泡上升。③二次脱泡结束后，将铸筒放在没有振动的静止地方，因为粉末与水混合后15~20min便开始凝固，2h后便完全凝固达到所需强度。④需要特别注意的是在灌铸过程中，粉末与水混合约10min后，黏性便增大，此时便不利于脱泡。因此，上述第一、二步两次脱泡需要在10min内完成。

2. 铂金铸型的制作

以R&R公司生产的Platinum-Plus铂金铸粉为例，其铸型制作过程如下。

（1）准备浇口底座。使用非石棉纸片代替橡胶底座，纸片10cm×10cm或更大些。在底座中心剪出一个直径1.27cm的圆孔，使得焙烧时，蜡可以从这里排出型腔。在纸的中心内粘上一个直径为2.5cm的浇口杯，将蜡树或蜡模固定到浇口杯上。蜡模应比钢筒高度低2.5cm。用

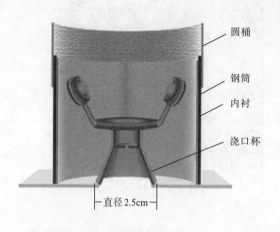

图3-27 浇口底座示意图

纸、软纸带或其他材料在钢筒顶部围出10cm高的圆桶,以防止在抽真空时浆料溢出钢筒(图3-27)。

(2)钢筒内衬。内衬有助于吸收过多的黏结液和去除铸粉。准备一张2~3mm厚、能吸水的纤维纸张,使其长度足以围绕钢筒内圆,高度比钢筒短10~15mm。将纸张卷好插入钢筒内,钢筒顶部和底部留出相同的距离。

(3)混制浆料。合适的水粉比和固化时间是保证铸件质量的关键,因此要准确称量液体和铸粉的质量。

Platinum-Plus浓缩黏结剂可用水来稀释,按1体积的黏结剂∶14体积的水进行稀释。使用干净的塑料容器,将黏结剂加到去离子水或蒸馏水中。

Platinum-Plus 的水粉比是30∶100(质量比),分别称取需要量稀释的黏结剂水溶液及相应的铸粉量。使用大功率机械搅拌机,将铸粉缓慢加到液体中,慢速搅拌。当铸粉开始变稀时,改为在中速下搅拌10~15min。然后将铸粉浆料抽真空,直到浆料升起,气泡破裂,浆料开始剧烈沸腾为止,继续抽真空1min。

(4)灌制铸型。把抽好真空的铸粉浆迅速、平稳地注入钢筒内,要避免直接冲刷蜡模。然后将铸粉杯放入抽真空机内,抽真空3~5min。其间,需不断轻微振动铸筒,防止气泡附着在蜡模上。

(5)静置。抽真空后,将铸型放在吸水粉上,静置6~8h,在铸筒侧和铸粉布上做好标记。

三、铸型脱蜡

当浆料凝固后,可以用两种不同的方法除蜡:蒸汽脱蜡或在焙烧炉内烘烤脱蜡。

1. 蒸汽脱蜡

试验表明,使用蒸汽脱蜡时可以更有效地除蜡,蜡液浸渗到铸型的厚度基本减少到零,因此很少有蜡残留,焙烧时铸型内不会形成还原性气氛,这样就有利于$CaSO_4$的稳定,因为还原性气氛会促进$CaSO_4$的热分解。另外,采用蒸汽脱蜡也有利于环保。

先在脱蜡炉内充入足够的水,开启加热装置,当水沸腾后,将铸型倒置放入脱蜡箱内(图3-28),利用蒸汽使铸型内的蜡模融化,流出铸型。

采用蒸汽脱蜡时,要注意水的沸腾不能太剧烈,并要控制蒸汽脱蜡的时间,否则溅起

图3-28 蒸汽脱蜡

的水会进入铸型中,损害铸型表面,甚至使$CaSO_4$晶体裂解,增加了$CaSO_4$晶体的反应性,降低了热分解温度,造成气孔的形成。另外在蜡镶铸造中,采用蒸汽脱蜡时,也可能会弱化铸粉中的硼酸保护剂,从而导致宝石发暗变色。

2. 烘烤脱蜡

烘烤脱蜡是直接利用焙烧炉加热铸型,使蜡料融化流出铸型外的方法。由于蜡料的沸点较低,采用这种方法时,如果蜡液发生激烈的沸腾会损坏铸型表面,或者蜡液排出不畅时会渗入到铸型的表层,都会恶化铸件的表面质量。因此,要注意控制脱蜡阶段的加热温度和速度,并设置相应的保温平台。另外,铸型在脱蜡前不能彻底干燥,否则铸型易开裂,如果开粉后不能在2~3h内脱蜡的,应用湿布将铸型盖好避免干燥。

四、铸型焙烧

焙烧的目的是使铸型的水分、残留蜡彻底排除,获得所需的高温强度和铸型透气性能,并满足浇注时对铸型温度的要求。铸型的最终性能在很大程度上受到焙烧制度、焙烧设备的影响。

1. 石膏铸型的焙烧

铸型焙烧前须制定合适的焙烧制度,为此需要了解铸型在加热过程中的温度变化情况。石膏铸型加热过程中,石膏型内温度的变化分为3个阶段。

(1)自由水蒸发,加入石膏混合料中水分的2/3汽化,大量吸热,水的导温系数与空气相比小得多,热温迁移的过程造成铸型内存在很大温度差。

(2)二水石膏转变为半水石膏,吸热反应,温度梯度有所减小。

(3)半水石膏转变为无水、不溶硬石膏,无明显热效应,填充料也无相变,铸型的温度场取决于材料热学性质、铸型容重等,型内温差减小。

一般情况下,铸粉生产商都制订了详细的焙烧制度,不同厂家生产的铸粉,其焙烧制度会有区别。以R&R石膏铸粉为例,其推荐的焙烧制度见图3-29。

将铸型直接放入焙烧炉中,浇注口朝下,铸型之间留出一定的间隙,防止受热温度不均匀。两层以上放置时,上一层的铸型与底层要错开(图3-30)。按照焙烧制度,设置高温炉的自控加热时间、温度,铸型经过高温烧结得到所需要的强度,使铸坯内形成各种模型的空腔,铸

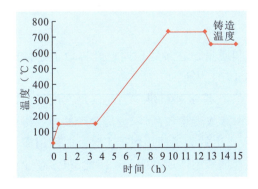

图3-29 R&R石膏铸型焙烧制度

图3-30 铸型在焙烧炉内的放置方式

模烘烤后,降温到所需要的浇铸温度。

2. 铂金铸型的焙烧

铂金铸型的焙烧制度与石膏铸型有很大区别,它是酸黏结铸型,要获得良好的烧结效果,需要采取更高的烧结温度。R&R推荐的铂金铸型焙烧制度见图3-31。

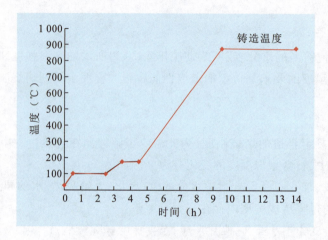

图3-31 R&R铂金铸型焙烧制度

第四节 熔炼浇注

熔炼浇注是首饰铸造工艺中最重要的环节之一,许多缺陷都与这道工序有关。按照工作顺序,主要包括配料、合金预处理、合金熔炼、浇注几个主要环节。

一、配料

熔炼前要准确配制每个铸型需要的合金类型和质量。在种蜡树时已经称取了蜡树的质量,按照蜡与金属之间的比重关系,可折算出所需金属的质量。

在配料时需要正确处理新料与回用料的比例关系,许多补口供应商建议每次配料中回用料为30%。但是在实际生产中,除了少数简单件的铸造收得率较高外,大部分产品的收得率都只有50%左右甚至更低,按照要求的回用比例,每天产生的大量回用料得不到及时回用而很快造成堆积,将给首饰生产企业带来十分棘手的物料管理和生产成本问题。因此,很多企业在配料时至少采用了50%的比例,甚至回用料比例达到了70%。需要注意的是,合金在熔炼铸造过程中难免产生污染,如过多提高回用料对新金的比例,将导致合金的性能出现波动,合金中易挥发的元素会减少,增加氧化夹杂和浇注不足缺陷出现的概率。

二、合金预处理

在首饰合金的铸造生产中,首饰铸件的效果与首饰合金状况有非常密切的关系。对于纯金、纯银、纯铂等首饰,这方面的问题相对较少,可以直接采用块状材料熔炼。对于金合金、银合金、铂合金等材料,则需要对这些合金进行预处理。如直接将纯金属和中间合金融合浇注,容易产生成分不均匀、损耗严重、孔洞缺陷等问题。

因此,一般先将各种纯金属、合金料熔化浇注成珠粒,或铸成铸锭,再根据需要的质量进行配料。建议优先选择预制珠粒的方法,金属液流从坩埚出口流出,滴入冷却水中瞬间激冷而分裂成液滴,凝固后形成固体金属颗粒。外形圆整、尺寸适中的合金颗粒有利于熔炼过程的成分均匀、温度控制,减少孔洞、砂眼、硬点等缺陷,与金属的损耗控制也有密切关系。粒化效果主要体现在颗粒形状、尺寸、金属质量、过程的稳定性等方面,良好的粒化效果既取决于合金材料的种类和性质,也取决于粒化装置的工作性能。粒化装置可以是单独的设备,但也经常见到有些铸造设备上附带了粒化装置,有些首饰企业由于设备条件差,利用手工撒珠,将金属液直接浇注到激冷水箱中而得到珠粒。无论是哪种方式,都需要严格控制熔炼方式、浇注方式、冷却方式等几个重要环节,若控制不好,会导致珠粒形状不规则,容易黏接成块,有裹气、氧化等现象,从而影响合金的性能。

三、合金熔炼

首饰合金熔炼与浇注的方式有多种,常用的熔炼方式有火枪熔炼和感应熔炼两大类。

1. 火枪熔炼

采用火枪熔炼、浇注饰品是比较传统的生产方法,使用的工具设备较简单,先利用火焰将金属熔化,再利用简易的浇注设备进行手工浇注。火枪熔炼采用的燃烧气体有煤气-氧气、天然气-氧气等,一般不使用氧气-乙炔,因为其温度太高,金属损耗大,难控制。采用的火枪有单管火枪和双管火枪两类,火枪上有控制旋钮,可以调节火焰的大小、强弱和性质。为了有效保护金属液,减少金属元素的氧化,要求使用黄色的还原性火焰(图3-32),熔炼时间不宜过长或过短,一般控制在2~3min内完成熔炼浇注。

火枪熔炼一般采用黏土坩埚,熔炼前,先仔细检查坩埚的质量,内壁要有光滑致密的釉质层,无残留的渣滓。准备造渣用的助熔剂,一般使用无水硼砂。先将坩埚预热后,将铜粒投入到坩埚内,调节火焰强度和性质至适合,铜料接近熔化时,在液面上撒少量硼砂,用玻璃棒将金属液轻轻搅拌均匀,温度达到要求浇注的温度时,即可取出铸型进行浇注。

图3-32 火枪熔炼

熔炼过程中,要注意控制温度和火焰气氛,否则会产生较严重的氧化作用,导致金属损耗,形成熔渣污染金属液,尤其是含锌较高的金、银合金,由于锌的高蒸气压力,无疑会增加锌元素的烧损,特别在熔炼温度较高时,金属的活性随着温度的升高而增强,在沸腾状态下,其氧化能力急剧增强,造成大量锌氧化生成氧化锌(ZnO),散发于空气中,损耗急剧增加,铜的氧化能力也急剧增强,形成大量的氧化渣,而且保持沸腾状态时间越长,金属损耗量也就越大。为减少金属损耗,一般要严格按补口(指将金、银、铂等贵金属配成所需成色金合金、银合金、铂合金时所使用的中间合金)使用建议控制熔炼温度,避免长时间沸腾。

在金属接近熔化时,一般在表面撒少量硼砂,不但可以助熔,还可以在金属液表面形成保护层,防止金属被氧化,并聚集金属液面的熔渣。硼砂即 $Na_2B_4O_7 \cdot 10H_2O$,熔点低,在煅烧至320℃时,失去结晶水成多孔状物质。硼砂是铜合金熔炼中的良好熔炼剂,在加热熔融后具有较高的流动性,覆盖于金属熔体表面,起到了很好的防吸气和防金属氧化的保护作用,且分离出硼酸酐(B_2O_3)。硼酸酐在高温状态下极不稳定,在分离出的瞬间,即与金属氧化物发生强烈反应。反应化学方程式如下:

$$Na_2B_4O_7 \cdot 10H_2O \longrightarrow Na_2B_4O_7 + 10H_2O$$
$$Na_2B_4O_7 \longrightarrow Na_2O \cdot B_2O_3 + B_2O_3$$
$$B_2O_3 + MeO \longrightarrow MeO \cdot B_2O_3$$

$Na_2OB_2O_3$ 再和 $MeO \cdot B_2O_3$ 形成 $Na_2O \cdot MeO[B_2O_3]_2$ 复盐。在很大程度上消除了金属氧化物生成的渣量,还原置换出金属,有效降低了金属损耗量。另外,硼砂在熔融状态下起到了很好的保护作用,最大限度地防止了熔融金属的氧化。

2. 感应熔炼

感应熔炼的基本原理是交流电通过感应线圈时,在感应线圈内部空间产生交变磁通,使坩埚内的金属导体内部产生感应电动势,具有一定感应电动势的感应电流在金属料中形成涡流,依靠金属本身的电阻而产生热量使金属熔化。与其他熔炼方式相比,感应熔炼具有熔炼效率高、元素烧损少、控制和调整金属液成分及温度方便准确、操作维护简便等优点,在首饰铸造行业中得到了广泛的应用。

感应熔炼过程中,感应电流在金属中的分布是不均匀的,电流密度在炉料表面最大,越趋向内部,电流密度越小,即产生所谓的集肤效应,集肤效应与电流频率密切相关,电流频率越高,集肤效应越显著。显然,当坩埚容量大时,严重的集肤效应不利于熔炼。因此,坩埚容量与电流频率是有一定对应关系的,当熔炼量大时,一般采用中频感应;熔炼量小时,多采用高频感应。由于首饰通常比较精细,一次熔炼量少。因此,首饰合金熔炼中一般采用高频感应熔炼(图3-33)。

在感应熔炼中,在电磁力的作用下,产生电磁搅拌作用,有利于金属液的温度和成分均匀,也有利于金属液中非金属夹杂物的上浮。

图3-33 高频感应熔炼

电流频率越低,电磁搅拌作用越强。

熔炼时气氛控制对金属液质量的影响很大,一般有真空熔炼、惰性气体保护熔炼、还原性火焰保护熔炼几种方式。真空熔炼有利于保证冶金质量,但是对铜合金,特别是含锌较高的黄铜合金而言,是不适合采用的。因为真空会加剧锌的挥发,金属损耗严重,成分波动大,而且熔炼过程产生的烟气易损坏真空系统。因此,在感应熔炼铜合金时,要获得优良的冶金质量,一般采用氩气、氮气等惰性气体,或者采用还原性火焰,将金属液面隔离保护。

四、浇注

由于首饰件都是比较精细的产品,在浇注过程中会很快发生凝固而丧失流动性,因此常规的重力浇注难于保证成型,必须引入一定的外力,促使金属液迅速充填型腔,获得形状完整、轮廓清晰的铸件。

1. 浇注外力方式

浇注按借助外力的方式可分为离心浇注和静力浇注两大类。

(1)离心浇注方式。离心浇注是将金属液浇入旋转的铸型中,金属液在离心力的作用下,充填铸型并凝固。离心浇注生产效率高,金属压力大,充填速度快,对铸件成型有利,特别适合浇注细小饰品,例如链节、耳钉等。与静力铸造相比,传统离心铸造有一些弱点,由于充型速度快,浇注时金属液紊流严重,增加了卷入气体形成气孔的可能;型腔内气体的排出相对较慢,使铸型内的反压力高,使出现气孔的概率增加;当充型压力过高时,金属液对型壁产生强烈的冲刷,容易导致铸型开裂或剥落;另外浇注时熔渣有可能随金属液一起进入型腔。由于离心力产生的高充型压力,决定了离心机在安全范围内,可铸造的最大金属量比静力铸造机要少。另外,由于离心铸造室较大,一般比较少采用惰性气氛。

(2)静力浇注方式。静力浇注是利用真空吸铸、真空加压浇注等方式,促使金属液充填型腔。与离心铸造相比,静力铸造机的充型过程相对平缓,金属液对型壁产生的冲刷作用较小;由于抽真空的作用,型腔内气体反压力较小;一次铸造的最大金属量较多。因此,在首饰铸造中得到了广泛应用,特别适合浇注大中件饰品,如男戒、吊坠、手镯等。

2. 浇注自动化程度

浇注按自动化程度可分为手工浇注和铸造机自动浇注两大类。

(1)手工浇注。手工浇注一般与火枪熔炼或感应熔炼配合进行,金属液熔炼造渣精炼完毕后,将温度调整到浇注温度范围,然后从焙烧炉中取出铸型准备浇注。根据使用的设备类型,手工浇注主要有离心浇注和负压浇注两类。

手工离心浇注:图3-34是简单的机械传动式离心机,在一些小型首饰加工厂使用,它没有附带感应加热装置,利用氧气-煤气来熔化金属,或利用感应炉熔炼金属,然后将金属液倒入坩埚中进行离心浇注。

图3-34 手工离心浇注

手工负压浇注:负压浇注是指铸型型腔的气压低于外界气压,利用压力差将金属液引入型腔的浇注方法。手工负压浇注是最简单的负压浇注方式,利用的设备是真空吸铸机,这种机器的主要构件是真空系统,不带加热熔炼装置。因此,需要与火枪或熔金炉配合使用,熔炼完毕后人工将金属液倒入铸型内(图3-35)。它操作比较简单,生产效率较高,在中小型首饰厂得到了较广泛的应用。由于是在大气下浇注,金属液存在二次氧化吸气的问题,整个浇注过程是由操作者控制的,包括浇注温度、浇注速度、压头高度、液面熔渣的处理等,因此人为影响质量的因素较多。

图3-35 手工负压浇注

(2)铸造机自动浇注。手工浇注方式属传统落后的生产方式,浇注出的产品质量波动性大。随着首饰产品的质量要求日益提高,以及首饰行业的科技进步,自动铸造机成为首饰失蜡铸造中非常重要的设备,是保证产品质量的一个重要基础。

根据所采用的外力形式,常用的首饰铸造机主要有离心铸造机和静力铸造机两大类。

自动离心浇注:针对传统的简易离心浇注机的缺点,现代离心铸造机集感应加热和离心浇注于一体,在驱动技术和编程方面取得了很大的进步,改进了编程能力和过程自动化控制。比如,铸型中心轴和转臂的角度设计成可变的,它作为转速的一个函数,能够从90°变化到0°,这样,就综合考虑了离心力和切向惯性力在驱使金属液流出坩埚和流入铸型的作用,这种装置有助于改善金属流的均衡,防止金属液优先沿着逆旋转方向的浇道壁流入。在铸型底部加设抽气装置,方便型腔内的气体顺利排出,改善充型能力并配备测温装置,减少人为判断误差。图3-36是典型的首饰离心铸造机的熔炼浇注室,适合铸造金、银、铜等合金。

用离心铸造机浇注时,先开通冷却水,打开电源开关,然后将定量的原料均匀地放入干净的坩埚中,提升发热丝,按下加热按钮开关加热。用铁钳从炉中取出脱蜡处理的铸筒,并放在离心浇注机的铸筒架上,将铸粉模的注金口对准坩埚的出金口。待金属完全熔解后,用助熔剂净化金属液,下降电热丝,在坩埚顶部盖上一块半圆形耐火材料并压紧。盖好保护盖,离心电机带动坩埚和铸模一起绕电机轴高速旋转。旋转过程中,巨大的离心力将金属注入铸模空腔中。20s后关闭电机电源开关,待机器停止转动后,取出铸模静置冷却。

图3-36 感应熔炼离心浇注

自动真空加压浇注：真空铸造机中比较先进、使用也比较广泛的是自动真空加压铸造机，这类机器的型号特别多，不同公司生产的铸造机也各有特点，但一般都是集感应加热、真空系统、控制系统等组成，在结构上一般采用直立式，上部为感应熔炼室，下部为真空铸造室，采用底注式浇注方式，坩埚底部有孔，熔炼时用耐火柱塞杆塞住，浇注时提起塞杆，金属液就浇入型腔。一般在柱塞杆内安置了测温热电偶，它可以比较准确地反映金属液的温度，也有将热电偶安置在坩埚壁测量温度的，但测量的温度不能直接反映金属液的温度，只能作为参考。自动真空铸造机一般在真空状态下或惰性气体中熔炼和铸造金属，因此有效地减少了金属氧化吸气的可能，广泛采用电脑编程控制，自动化程度较高，铸造产品质量比较稳定，孔洞缺陷减少，成为众多厂家比较推崇的首饰铸造设备，广泛用于金、银、铜等金属真空铸造（图3-37）。有些机型还附带了粒化装置，可以制备颗粒状中间合金。

采用真空加压铸造机进行铸造时，先开通冷却水，打开氩气和压缩空气开关，再将电源打开。检查设备的开合状况、坩埚的质量，试验抽真空的效果，在铸造程序库中选择适合的程序。将炉料均匀地放入坩埚内，启动铸造程序，在金属料熔化完毕后，按照设备提示将铸型放入铸造室内，自动完成浇注。达到规定的保压时间后，将铸型取出。

图3-37 感应熔炼真空加压浇注

五、首饰铸造常见问题

首饰铸造是涉及多工序的复杂工艺过程,影响铸造质量的因素很多。因此在首饰铸造生产中容易出现各种各样的问题,常见的首饰铸造缺陷及可能产生的原因见表3-3。

表3-3 首饰铸造常见问题与对策分析表

常见铸造缺陷	缺陷图例	可能产生的原因
披锋毛刺		①铸粉:水的比例不当,用水偏多; ②开粉后,铸型在静置时被搬动; ③焙烧时,焙烧炉升温过快; ④铸型进炉前放置时间过长,型腔内部干裂
铸件表面有凸起金珠		①水粉比例不当,用水偏少; ②开粉操作工作时间过长; ③抽真空机运转不正常
铸件表面粗糙		①蜡件表面粗糙; ②铸粉质量差或已失效; ③焙烧升温过快
铸件残缺		①种蜡树不正确; ②铸造金属温度偏低; ③浇注时铸型温度偏低; ④铸造用金属质量不足

续表3-3

常见铸造缺陷	缺陷图例	可能产生的原因
铸件气孔		①铸造金属温度偏高; ②铸型未完全烧透; ③铸造使用的回用料过多; ④熔炼过程中吸气严重
铸件缩孔		①金属液浇注温度过高; ②铸型温度过高; ③水线位置或尺寸不当; ④浇注压力不够

第五节 铸件清理

一、除铸粉

将金属工件从铸粉模中取出,并除去工件上黏附的铸粉。

主要工具:铁锤、铁钳、水枪。

待铸粉模冷却到适当温度,用自来水冲击其底部。铸粉模余温遇到冷却水即产生爆粉现象,使铸造的工件与铸粉模脱离,这一过程就是俗称的"炸石膏"(图3-38)。

图3-38 炸石膏

用高压水枪喷射铸造的工件,尽可能使其表面的铸粉脱落干净(图3-39)。把冲洗后的铸件放入含有氢氟酸等酸液的容器中浸泡(图3-40),浸泡后,铸件各部位上的残留铸粉彻底除去。从氢氟酸水溶液中取出工件,用水清洗、烘干。

图3-39 冲水

图3-40 浸酸

K金、足金、银的工件浸泡时间以20min为宜,氢氟酸浓度为20%。铜的工件浸泡时间为20min,氢氟酸浓度为5%。铂金工件浸泡时间为60min,氢氟酸的浓度为55%。

氢氟酸具有强腐蚀性,要使用专门容器保存,操作时注意安全。由于水枪压力较大,用水枪冲洗工件时,要注意防止操作不慎而引起工件变形。

二、剪坯件

除去铸粉后的工件,仍处在树形状态,需在其水线处剪断,分类、分品种,为下道工序做好生产准备工作。

除去铸粉后的树状毛坯需称重,计算铸造过程中的金属损耗量,然后进行剪水线操作。先按总体分剪,然后分类剪(图3-41、图3-42)。剪水线时要掌握角度、距离,防止将毛坯剪变形、碰伤。一般情况下,在距离工件1.5mm处剪水线为最佳。

图3-41 剪水线1

图3-42 剪水线2

第四章　执模工艺

执模工艺是对熔模铸造(倒模)的首饰坯件,采用手工艺和设备进行整合、扣合、焊接、粗糙面加工处理的过程。

执模工艺使用的工具多种多样,常用的工具有:焊具、吊机、戒指铁、坑铁、手寸尺、卡尺、各种锉刀(粗、细、圆、扁、三角形)、各种类型机针、卓弓(锯弓)、卓条(锯条)、剪钳、平嘴钳、铁锤、焊夹、焊药、镊子、砂纸、砂纸棒、各种字印等。

常用的设备有:压片机、水焊机、激光(镭射)焊接机、隧道炉等。

在首饰制作过程中,执模是一道十分重要的工序,首饰铸件的执模质量将直接影响最终首饰成品的质量。从事执模工艺的技术人员,必须掌握以下几方面的技能,才有可能制作出合格而精美的珠宝镶嵌首饰。

01 基本功—锯功视频

(1)吊机是执模过程中最常用的工具之一。首先,要熟练地掌握吊机的使用方法,并可根据操作目的和要求,选配各种不同类型的机针。其次,要了解吊机的结构,熟练地掌握电动机、轴线、吊机机头和变速踏板等主要零件的更换和保养;能熟练地利用吊机完成打磨、钻孔、磨削和打光等操作。

(2)卓弓(锯弓)也是执模过程中常用的工具之一。例如,残留在首饰铸件上的水口线,要利用卓弓锯除;如要扩大或缩小戒指圈口时,也需要用到卓弓。在执模过程中,应熟练地掌握卓弓的使用方法,能用卓弓随意地在金属板上锯出各种花纹和几何图形。

02 基本功—锉功视频

(3)锉刀也是执模过程中常用的工具之一。用锉刀锉平首饰坯件上的毛刺、焊缝和锉出平面或凹面等粗加工面,比使用吊机打磨的速度快,通常吊机打磨多是在锉刀加工之后才进行的工序,这样可以有效地提高执模工作的效率。正确地掌握锉刀的使用方法,是执模工艺必须掌握的基本技术,要能熟练地运用各种不同类型锉刀修饰首饰铸件的平面、弧面、花饰和光边。同时,还要力争在锉后的首饰工件表面上,尽可能少地留下锉痕,这样在首饰精细打磨和抛光时,就可以节省大量的工时,还可以有效地提高工作效率,提高首饰产品的质量,并降低材料的损耗。

03 基本功—焊功视频

(4)焊接技术是首饰制作过程中必不可少且十分重要的一项技艺。首饰铸件微小缺陷的修复、首饰活动位(如手链的连接部位)的组合、戒指圈的改制和铸件表面砂眼的修补等,都离不开焊接工艺。首饰焊接操作,需要操作者手脚并用。一般来说,操作者右手拿好镊子夹住工件,左手握住焊枪,脚要不断地踩动风球(俗称皮老虎),把油壶内的白电油(汽油)汽化后,从焊枪口中喷出。焊枪的火焰可以用旋钮调节,细小有力的火焰用作焊接,较粗大的火焰用于工件的退火,还能熔炼加工残留下来的金属碎屑。

(5)执模过程中对锤(包括铁锤、胶锤等)的使用也是十分频繁的。用锤看似简单,但如果在首饰加工中操作不熟练,就很容易在首饰工件的表面留下痕迹,这会给首饰的后续加工(如打磨、抛光等)带来很大的影响。戒指圈口略小,需套在戒指铁上用榔头将其胀大,这需要用锤轻轻地碾砸,而不能用力过大,否则可能砸断戒圈。掌握好使用锤的力度,是执模工艺必须掌握的基本功之一。

(6)具有一定的审美能力,也是从事执模工艺必不可少的要求之一。如果执模后的首饰坯件歪歪扭扭,表面坑坑洼洼,都将严重影响首饰的质量。

综上所述,执模工艺是首饰制作中最重要的技艺之一。

第一节 不同类型首饰的执模工艺

一、链类首饰的执模工艺

属于链类首饰(包括手链、项链等)的坯件,通常需要矫正坯件的形状,使其符合设计的要求,然后将链环互相连接,再经过锉、扣、焊、执、省等工艺流程,组合成一件完美的饰品。链类首饰的执模工艺包括以下步骤。

1. 整形

整形就是按照设计要求,矫正链类首饰坯件的形状。

主要使用工具:平嘴钳、镊子、铁板、胶锤、小刀、指圈棒等。

操作工艺要点:观察坯件变形情况,选择矫正工具。用平嘴钳将变形工件钳正(图4-1),或将工件置于铁板上,用胶锤将其矫正。钳压及锤打时用力要均匀,以防止工件反方向变形。

2. 锉水口

锉水口就是将链类首饰每个坯件上的水口磨削平整。

主要使用工具:卜锉、圆嘴钳、平嘴钳等。

操作工艺要点:左手持坯件或用平嘴钳将坯件钳住,然后靠在台木上支撑,右手用卜锉将水口锉平整(图4-2)。用卜锉时,一般用卜锉的平面部位(有时可根据坯件的情况,选择使用锉刀的部位)。

图4-1 整形

图4-2 锉水口

锉水口时要小心，均匀用力，防止将坯件其他部位磨损。

3. 扣链

扣链就是将链类首饰的每个坯件（链环）互相连接，使链类首饰初步成型。

主要使用工具：平嘴钳、剪钳、圆嘴钳等。

操作工艺要点：常用的扣链方法主要有五种，分别是：圈仔扣、中扣、底扣、侧扣、摔线扣。项链的扣链方法，通常使用侧扣。手链的扣链方法，通常使用底扣和摔线扣。下面着重介绍底扣和摔线扣的方法。

（1）底扣。先将扣利钳直，试扣利是否能穿过对应的连接孔，如果孔小，可用牙针将连接孔车大些，至连接孔合位为止。用平嘴钳将扣利稍微弯曲，并将扣利入入相应坯件的连接孔。扣合时链环之间的连接位要紧凑贴合、组合灵活，距离要均匀，链身整体要平衡，不能高低起伏（图4-3）。

（2）摔线扣。根据坯件较筒孔的大小，选择同成色的金属线作为摔线，按要求把每个坯件拼合，用摔线穿过较筒孔，再用尖嘴钳扣合。扣合后，应确保链身不弯曲，且不出现高低起伏现象（图4-4）。

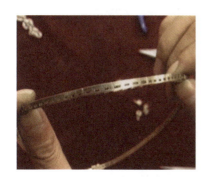 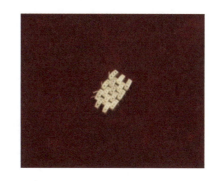 

图4-3 底扣链　　　　　图4-4 摔线扣链

4. 焊接成型

焊接成型就是对扣合好的链环进行焊接，使接口牢固。

主要使用工具：焊具一套、焊夹、镊子、焊药、焊瓦、剪钳等。

操作工艺要点：用剪钳将金焊片（料）剪成细条状，或剪成一小截，用火枪在焊瓦上烧熔成球粒状。把扣好的链，浸一浸硼砂水（硼砂+酒精），点燃火枪对准焊口烧一烧，然后用小木条沾一点硼砂放在焊接口处。用镊子沾上已熔金焊，轻沾硼砂后移放到焊接口处（图4-5）。用火枪烧金焊，使其在焊接口处熔化，将焊口焊接牢固。

焊接时应选用相同成色的焊料，焊接成型的链环与链环之间，能灵活摆动，不能出现焊死或假焊、虚焊现象。如出现假焊、虚焊、焊死现象，则需要重新焊接。

5. 手工加工鸭利制

鸭利制的制作可分为机器加工和手工加工两种形式。机器加工的鸭利制，经锉水口后即可进行焊接,使项链最终成型。手工加工的鸭利制,则需用原材料手工制作。

主要使用工具:锉、剪钳、卓弓、卓条、卡尺、平嘴钳等。

操作工艺要点:选择适合的金属弹片,根据链条的尺寸,用锉或剪钳对所选用的金属弹片进行整形,用卡尺量出鸭利箱的长度,来确定加工鸭利制的长短。用平嘴钳将弹片在适合位置折弯,使其呈鸭舌状,并在鸭利较短的一侧末端焊上一个按制(图4-6)。

图4-5 焊链

图4-6 加工鸭利制

6. 较制

较制就是修整鸭利与鸭利箱,使两者相互吻合紧扣,开关自如。

主要使用工具:吊机、焊具、卜锉、卓弓、卓条、平嘴钳、镊子、牙针、焊瓦、剪钳等。

操作工艺要点:将牙针安装在吊机头上,踏动开关,用牙针将鸭利箱内的披锋、金珠扫掉,使鸭利箱方正、平滑。将鸭利插入鸭利箱内,检查两者吻合情况(图4-7),确定需修理的部位,并进行修整。鸭利和鸭利箱修整、调合后,用牙针在鸭利箱距箱口1mm处开一小槽,用锯在按制前,也开一小槽,并使两个小槽相互扣合。扣合后,相接处无缝隙且紧凑。

用一金属线穿过鸭利端侧面的较筒,并用钳子将金线弯曲成方形线圈,使其扣住鸭利箱侧的扣柱。再取一小段金线用火枪烧成珠状,并将此珠状物焊在金属圈开口处。将金线圈扣好,用圆嘴钳钳压其中央,使金线圈形状如"8"字形状,称为"8"字制(图4-8)。调整"8"字制,使其松紧适度。

图4-7 较制

图4-8 加工"8"字制

7. 煲矾水

首饰工件焊接后,会在表面形成黑灰色物质,经过煲矾水这一环节后,可将其基本除去,起到清洁工件表面杂质的作用。

主要使用工具:焊具一套、镊子、焊瓦、矾煲、打火机等。

操作工艺要点:将工件放入装有白矾的煲内,并将煲放在焊瓦上。脚踏风球,点燃火枪,用火焰对准矾煲下端加热,加热至矾水沸腾。用镊子翻动工件,除去工件上的黑色物质。然后将工件从矾水煲中取出,用清水清洗。不然工件晾干后,表面上会黏附白矾。

8. 执链

执链就是除去工件表面较粗糙的毛刺、夹层披锋、金珠,修理角位,使工件表面形状顺畅、光滑,转动灵活。

主要使用工具:滑锉、吊机、牙针、球针等。

操作工艺要点:用滑锉将工件表面的粗糙处锉顺,去掉毛刺。然后将牙针装在吊机上,车扫工件上的夹层、披锋、金珠,以及锉刀锉不到的位置。工件底部则用珠针车底,使其达到工艺要求。

在执链过程中,不能破坏工件的整体角度。若出现砂窿,则需用砂窿棍,装在吊机头上,将砂窿打去(图4-9)。然后再将工件执好。

9. 省砂纸

省砂纸就是要除去工件上的锉痕,使工件表面更加光滑、柔顺。

主要使用工具:吊机、砂纸飞碟、砂纸棍、砂纸尖、针砂纸、砂纸推木等。

操作工艺要点:选用400#砂纸,分别做成砂纸棍、砂纸尖、砂纸飞碟、针砂纸、砂纸推木等。根据工件的不同位置,选择合适的工具,将工件各部位省磨至光滑(图4-10)。省砂纸时不能破坏工件上的花纹、线条及整体角度。工件上出现砂窿时,要将砂窿填补后再省砂纸。

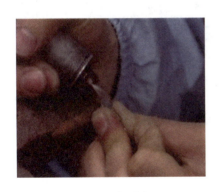

图4-9 打砂窿

图4-10 省砂纸

07 省砂纸视频(无声)

08 链类首饰执模视频

二、手镯的执模工艺

1. 锉水口（同链类首饰执模工艺方法）

2. 扣镯

扣镯就是按照设计要求，将手镯的各个配件扣接，使之初步成型。

主要使用工具：平嘴钳、剪钳、圆嘴钳、卓弓（锯弓）、卓条（锯条）、吊机、焊具等。

操作工艺要点：根据手镯铰筒通孔的大小选择金属摔线。按要求将手镯拼合，并使铰筒通孔成一直线。将所选择的摔线穿过铰筒（图4-11），并用剪钳将过长的接续线剪掉，使摔线稍露出铰筒两端。调节手镯配件的连接处，使之转动灵活。

当手镯铰筒内有金珠、披锋，阻碍摔线通过时，可将细牙针安装在吊机上，用牙针将其扫掉。若摔线两端用焊接方法固定，则摔线平于铰筒两端即可；若摔线两端用窝钉固定，则摔线两端稍长。

3. 手工加工鸭利制（同链类首饰执模工艺方法）

4. 焊接

焊接就是使成型的手镯各部分配件组合牢固。

主要使用工具：剪钳、平嘴钳、焊具一套、焊瓦、焊夹、锉等。

操作工艺要点：脚踏风球，点燃火枪，在铰筒两端将摔线焊接牢固。按镯筒的大小选择K金底片，用火枪将其烧软后，用平嘴钳顺着镯筒弧度将其弯曲，用锉刀进行修整后，将底片焊接在鸭利箱底部，并按要求将鸭利焊接在手镯上。

金焊的成色须与工件一致，不能出现虚焊、假焊现象。

5. 矫形

矫形就是矫正手镯的形状，使之成为蛋形，尺寸适合。

主要使用工具：镯筒、胶锤。

操作工艺要点：将手镯的鸭利插入鸭利箱内，然后将手镯套在镯筒上。摆正手镯的位置，用胶锤轻轻敲击镯身，使镯身与镯筒紧密套合无空隙（图4-12）。用锤敲正时，力度不可过大。否则，易将镯筒敲击变形，或在镯面上留下敲击痕迹。

图4-11 扣镯

09
加工手镯
鸭利制视频（无声）

图4-12 矫形

10
手镯矫形
视频（无声）

6. 较制(同链类首饰执模工艺方法,图4-13)
7. 煲矾水(同链类首饰执模工艺方法)
8. 执镯

图4-13 较制

执镯就是除掉手镯上的粗糙毛刺、金珠、夹层披锋,使手镯的外表更加平滑、形顺。

主要使用工具:吊机、牙针、球针、滑锉、砂窿棍等。

操作工艺要点:将牙针安装在吊机上,用牙针扫除鸭利箱内的披锋及金珠,并使箱口方正。用牙针扫手镯上的死角位及槽边,使这些部位平整。将球针装在吊机上,用球针车底(图4-14)。用滑锉将手镯上的毛刺及粗糙部位锉滑,并使外形畅顺(图4-15)。将砂窿棍安装在吊机上,将手镯上出现的砂窿压实。

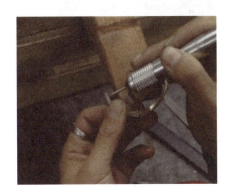  

图4-14 扫底　　　　图4-15 锉修

需要特别注意的是,在使用牙针和球针时,不可将工件磨出缺陷或将工件车崩。

9. 省砂纸(同链类首饰执模工艺方法)

省砂纸后,如工件上仍有斑点,则需进行炸色处理。

三、戒指的执模工艺

1. 整形

整形就是通过一些工艺手段,使戒指内圈浑圆,形状标准。

主要使用工具:戒指铁、铁锤。

操作工艺要点:将戒指套入戒指铁内,并用手将戒指摆放端正,用铁锤敲击戒指铁端部产生震动,检查戒指是否圆整,若戒指内圈与戒指铁不吻合,则用铁锤轻敲戒指水口处,使两者贴合(图4-16)。如戒指的手寸偏小,则使用戒指铁,将戒指的手寸扩大至合适为止。注意应避免用铁锤敲击戒指花头,扩大手寸时不能用力过大,否则容易使戒指因超尺寸而报废。

2. 锉水口

锉水口就是将戒指坯件上的水口磨削平整。

主要使用工具:粗锉、大中小滑锉、卜锉、三角锉等。

操作工艺要点:先用粗锉把水口锉顺,再用滑锉修理戒指的大小边,使之滑顺。

3. 打字印

打字印就是在工件的适当部位,打印上成色、石重、手寸等标记。

主要使用工具:铁锤、冲模(字印)、火枪、火漆台等。

操作工艺要点:根据字印要求准备冲模,将工件放在火漆槽上固定,必要时可用火漆固定。将冲模压贴在打字印部位,用铁锤敲击冲模上端,使其在工件上留下明显的字印(图4-17)。

用铁锤敲击冲模时,力度要保持均匀。冲模不可移动,以免字印重叠模糊不清。

图4-16　戒指整形　　　　　　　　　图4-17　打字印

4. 嵌件

嵌件就是将不同成色的配件焊接在工件的适当位置,起到装饰工件的作用。

主要使用工具:焊具一套、焊瓦、焊夹、镊子、剪钳、卜锉、平嘴钳。

操作工艺要点:用剪钳将嵌件上的水口剪下,并用卜锉将水口锉平整。用镊子将嵌件小心地放置到指定位置,并按要求摆好。如有不吻合部位,需用平口钳将工件调整好,然后用焊接工具将嵌件焊接牢固(图4-18)。

嵌件应是顺滑的,焊接后要检查是否有假焊、漏焊、虚焊现象。K金、银类戒指配件,用焊具手工焊接即可。铂金类戒指配件温度要求高,需用水焊机进行焊接。

5. 执戒指

执戒指就是将戒指各部位进行表面处理,使其形顺。

主要使用工具:滑锉、吊机、牙针、球针、砂窿棍、砂纸等。

操作工艺要点:用滑锉分别对戒指内圈、外圈及侧面进行锉磨,使表面平滑无刺,形状顺畅(图4-19)。将牙针安装在吊机上,对锉不到的部位扫一遍,去除戒指上存在的披锋及金珠。再将球针安装在吊机上,用球针车戒指底。将砂窿棍安装在吊机上,对出现的砂窿进行压打处理,除去砂窿。

图4-18 嵌件

图4-19 锉戒指

在锉、执过程中,不可损坏工件的整体角度及表面的线条、花纹。滑锉的卜面,主要用于锉戒指内圈或弧面。工件若有较大砂窿,需要进行焊补(图4-20)。

6. 煲矾水(同链类首饰执模工艺方法,图4-21)

图4-20 焊补砂窿

图4-21 煲矾水

7. 省砂纸

省砂纸就是去除使用锉刀、牙针、球针在工件表面加工时留下的痕迹，使工件表面更加光滑。

主要使用工具：吊机、砂纸棍、砂纸飞碟、砂纸尖、针砂纸、砂纸推木、胶轮。

操作工艺要点：用400#砂纸做砂纸棍、砂纸飞碟等打磨工具，将工件各部位打磨一遍，使工件表面更加平滑（图4-22）。砂纸推木主要用于打磨工件的平面部位。若工件为铂金，则用1200#砂纸打磨一遍，再用胶轮打磨工件的光金面。

省砂纸前要检查工件是否有砂窿、断爪、爆裂等缺陷。如存在上述缺陷，则需要进行修理后才可进行打磨、省砂纸。

8. 车毛扫

车毛扫就是在镶石前应将钉位、爪位打磨光亮。因为，要求钉镶、爪镶的戒指花头，在镶石后难以再打磨这些部位。

主要使用工具：打磨机、毛扫。

操作工艺要点：踏动开关，毛扫转动，将绿蜡接触毛扫，使毛扫涂上蜡。双手紧握工件，将工件的钉位、爪位贴住毛扫，通过毛扫将工件的钉位、爪位打磨光亮（图4-23）。新毛扫在使用前应用火轻烧一下，以免毛参差不齐，工件车毛扫后需进行除蜡处理。

图4-22 戒指省砂纸

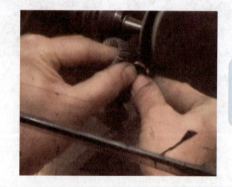

图4-23 戒指花头车毛扫

15 戒指执模视频

四、胸针（衫针）

1. 整形（同链类首饰执模工艺方法）
2. 锉水口（同链类首饰执模工艺方法）
3. 嵌件（同戒指执模工艺方法）
4. 焊针及车轮制

主要使用工具：剪钳、焊具一套、平嘴钳、镊子、焊瓦、焊夹。

操作工艺要点：用剪钳剪一段成色和直径适合的金属线做扣针。首先把金线拉直，再把金线的一端烧成珠状,把珠状物用锤子敲扁至适合程度放在摔线上。在敲扁处开一个小洞与摔线位吻合之后焊接在摔线位上。把扣针装在胸针的铰筒上,并把扣针的一端焊在铰筒上。量出金线的长度,与轮制的距离相同,在胸针的指定位置将车轮制焊上(图4-24~图4-26)。调校扣针,执、省扣针,使扣针的活动范围达到90°,且有弹力并活动自如。

16 焊针及车轮制视频(无声)

图4-24 安装摔线

图4-25 焊接胸针摔线位

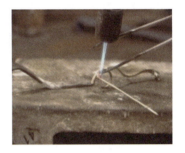

图4-26 焊车轮制

5. 铰制

主要使用工具:平嘴钳、剪钳、滑锉。

操作工艺要点:度量扣针长度,用剪钳将过长部分剪断,调整胸针与车轮制,使两者扣合自如,并用锉将针尾磨尖。

6. 煲矾水(同链类首饰执模工艺方法)

7. 执胸针(同链类首饰执模工艺方法)

8. 省砂纸(同链类首饰执模工艺方法)

9. 抛核桃粉(详见"抛光工艺"部分)

五、耳环及吊坠

主要使用工具:剪钳、焊具一套、焊瓦、镊子、平嘴钳。

操作工艺要点:锉水口、整形、摔线、煲矾水、执模、省砂纸工序的工艺方法与链类相同。下面主要介绍耳环、耳坠的焊接方法。

1. 焊耳针

将耳环放在焊瓦上摆好,用剪钳剪取适当长度同成色的金线作为耳针。用火枪将金焊烧熔,用镊子夹住耳针点焊后,蘸取少许硼砂,将耳针放在耳环的焊接位,将其焊牢(图4-27)。

耳针要焊正,不能出现斜歪现象。焊接时火力不能太大,以免将耳针烧熔变短或烧废。焊好耳针后,对耳针进行调校,使耳针与耳环能达到扣合自如。

图4-27 焊耳针

图4-28 焊瓜子耳

2. 焊瓜子耳

将瓜子耳套入扣圈,并用平嘴钳将开口圈钳合,把吊坠放在焊瓦上,将开口处焊接牢固(图4-28)。

第二节 机械抛光技术

当今首饰加工行业的竞争十分激烈,企业从加工费中创造利润的空间已远比过去小,迫使企业加强管理,开发、引用新工艺、新技术,以降低生产成本,从而增加企业的竞争力。由于珠宝首饰件对表面质量要求很高,因此制造过程中的成本在很大程度上是由光洁表面引起的。传统的手工执模抛光技术工作效率低,人工成本高,金属损耗大,越来越难以满足现代首饰生产的要求。

机械抛光技术应用于工业上已十多年了。传统使用的抛光设备有:单桶震动机、六角形滚筒、震颤机。由于工件与介质之间的摩擦作用,使工件的表面和边缘得到处理。与手工操作相比,使用机器打磨抛光有许多优点。近年来,机械抛光技术进步很快,许多先进的抛光设备越来越多地引入首饰加工行业,以替代传统的手工抛光。

一、机械抛光的优点

(1)提高生产效率,使用现代抛光设备一次可以处理批量首饰件,减少了执模时间和操作人员。

(2)机械抛光使工件获得较高的表面光亮度,可以达到一致的质量。

(3)机械抛光减少了金属的损耗。

(4)一些特殊结构的首饰品,只有借助现代机械抛光技术,才能使某些部位得到有效清理。

二、首饰制作中常用的抛光机类别

1. 震动抛光机

震动抛光机(图4-29)一般容量较大,需用磨料多,但速度慢,周期长。非常适用于机制链类产品的抛光,常与钢球一起使用。由于操作时没有废水排出口,并存在持续的冲击,很难在其他首饰产品上取得镜面光亮效果。

2. 磁力抛光机

磁力抛光机(图4-30)与其他抛光机配合使用,效果很好,虽然表面常有压痕,但很光亮,即便是在凹坑处。但是,需要注意该道工序必须在研磨抛光前进行,否则会在已准备好的表面留下压痕。

图4-29 震动抛光机

图4-30 磁力抛光机

3. 滚筒抛光机

滚筒抛光机(图4-31)是最传统的抛光设备,可以处理各种首饰件。最大缺点是操作时没有废水排出口,研磨产生的各种废物都残留在筒内。六角形筒的连续旋转和震击,有很少一部分废料被压入工件表面(尘、摩擦剂、铸粉残留物等),表面留下的污点不能通过抛光除去。

4. 沉箱抛光机

沉箱抛光机(图4-32)容积大,一次性产量高,对工件损耗小;但耗用磨料、抛光液多,工作周期长。适用于所有首饰工件的抛光。

图4-31 单桶滚筒抛光机

图4-32 沉箱抛光机

5. 转盘抛光机

使用带有最新开发的缝隙系统的转盘抛光机(图4-33),可以达到手工抛光的光滑研磨和高亮度抛光的效果。它的底盘是在容器内的一个旋转盘,容器顶部敞口,容器壁不旋转,容器与盘之间的缝隙可小于0.05mm,使之可以使用最细的胡桃壳颗粒。

6. 拖拽抛光机

拖拽抛光机如图4-34所示。这种表面抛光技术于1992年引入首饰加工业,它与以往的方法有很大的区别,工作时工件拖过胡桃壳颗粒,而胡桃壳颗粒本身不运动。每个工件都有自己的支撑位,工件之间的表面不会接触,因而不会损坏表面。与传统抛光方法相比,形成了更大的相互运动和更强的处理力度,明显减少了处理时间。对处理重的首饰工件,有很大的优势。拖拽抛光方法特别适用于重的戒指、链扣和表壳,也适合很多其他可以悬挂在固定支架上的工件。

图4-33 转盘抛光机

图4-34 拖拽抛光机

几种典型抛光机性能和特点,见表4-1。

表4-1 不同类型抛光机性能和特点对比表

机器类型	抛光介质	研磨介质	优点	缺点	适宜的工件
震动抛光机	木屑、瓷片、胡桃壳颗粒、玉米粉、钢球	陶瓷、塑料	便宜,大件,冲压件	处理时间长,压力小,有压痕,光滑效果差,干法处理时不可能得到理想结果	小链、机制链
磁力抛光机	针	无	表面光亮,处理时间短	不光滑,有压痕,钢针会刺戳表面,光亮度不够	金丝珠宝、珠宝内壁

续表 4-1

机器类型	抛光介质	研磨介质	优　点	缺　点	适宜的工件
滚筒抛光机	木制立方体、木针、胡桃壳颗粒、玉米粉、钢球	陶瓷、塑料	便宜	处理时间长，处理不方便，表面有尘，表面挤压	各种首饰件
转盘抛光机	胡桃壳颗粒、瓷片、塑料	陶瓷、塑料	效率高，处理时间短，机器完成70%的工作量，工序少，首饰洁净，处理容易，表面质量高	只能处理不重的工件（最大20g），不能处理小链上的宝石座	大多数首饰件、工业产品、表壳
拖拽抛光机	胡桃壳颗粒	胡桃壳颗粒	可以抛光大而重的工件，没有冲击碰撞，处理时间短，处理容易，表面质量高	没有湿磨	可以固定在架子上的各种首饰件

三、抛光处理方法

抛光处理方法可以分为湿法和干法两种。

1. 湿法抛光

湿法抛光中，常使用陶瓷、塑料抛光介质或钢介质，另外在湿处理时，摩擦介质和工件被抛光液所包围，抛光液吸收了被磨掉的材料，工件表面保持干净，研磨介质保持尖锐。因此，湿处理的摩擦作用比干法抛光更明显。采用抛光液的主要目的是：①脱脂（如油腻的工件）；②防止腐蚀或氧化；③光亮工件；④去除热处理工件的鳞纹（如酸液）；⑤工件与介质之间形成缓冲，防止介质割入工件过深。

但是，用湿法抛光银合金、黄铜等工件时，有时会产生氧化现象。氧化使工件表面起污斑、变硬，用手工抛光时难以修整。因此，要注意控制抛光的时间。

2. 干法抛光

干法抛光是使工件光滑光亮的表面处理，常使工件表面比湿法抛光时更精细。

需要通过干法抛光获得光亮度高的抛光表面时，应将工件放在超声波清洗液中清洁2~3min，以除去研磨时在表面留下的各种灰尘。常用胡桃壳颗粒介质，因为它粒度小，增加了与表面的接触，可以达到较光亮的抛光效果。需注意的是，由于抛光介质很小，工件之间的缓冲作用更小了，工件之间易碰撞，引起表面损坏。因此，采用干法抛光时，应适当减少一次处理的工件数量。如果抛光后表面不光滑，可以使用粗胡桃壳颗粒进行预抛光来改进。对难抛光的合金（如银），可以在湿法抛光与干法抛光之间设置干法研磨中间工序，可以获得更好的表面效果。如果工件是由压制或冲压方法制得的，用干法研磨足以获得很好的表面。

四、抛光介质的影响

1. 介质的形状

使用不同形状的抛光介质,得到的抛光效果是不一样的。有两种典型的介质形状:一种是金字塔形的;另一种是圆锥形的。圆锥形介质比金字塔形介质研磨更精细,特别适用于戒指内侧和孔洞;而金字塔形介质具有更强的研磨作用,用于研磨工件外形更好。常混合使用50%的金字塔形和50%的圆锥形介质。

2. 介质的密度和黏结程度

介质的密度和黏结程度对摩擦的效果也会产生影响。密度越高,介质越重,效果越好;摩擦介质黏结越紧,摩擦效果越弱。黏结弱时,磨圆了的摩擦介质更容易破碎,常引起自锋利效果;而黏结强时,介质自锋利效果较差,其使用寿命长,但打磨作用小,趋于形成橘皮表面。

3. 介质的尺寸

要根据工件的结构来选择合适的介质尺寸,尺寸过大时,对工件的摩擦作用加剧,细小的部位难以抛光,工件的表面不光顺,抛光效果不好;介质尺寸过小时,抛光效率差,且工件间容易发生碰撞而损坏表面。要使抛光介质的尺寸形成合理的级配,才能有好的抛光效果。

4. 介质的材质

使用不同材质的抛光介质,产生的抛光效果会有很大的差别,要根据工件的材质和表面状况,来确定合适的介质材料。

(1)钢介质。钢介质抛光基于表面强化的原则,工件表面被冲击而不被磨掉,表面的高峰点不会去除,而会被压平,可以增加工件表面密度,使表面更加致密,密度大、质量重的钢球使工件表面平坦。但是,易在工件表面形成压痕或划痕。另外,钢球流过工件表面时,会使工件发热而使表面产生氧化。因此,抛光效果不佳,在放大镜下观察,表面呈现橘皮状,使工件需要进一步手工修整以获得好的表面质量。对于银首饰件尤其明显,处理后甚至手工抛光都难以除去氧化膜。

(2)陶瓷摩擦介质。陶瓷摩擦介质通常在工业上使用,如研磨加工硬化的钢。相对塑料介质而言,陶瓷介质容易制造,价格便宜,可以制成很多不同的形状和尺寸。陶瓷摩擦介质强有力的摩擦作用,使其用于硬而粗的合金中,比常用的细磨塑料介质有更好的结果,对珠宝首饰加工业也较重要。由于其质量较大,对工件表面也有强化作用。

如果首饰件用干法抛光太重,或表面太硬时,使用陶瓷抛光介质可以获得较好的效果。特别是应用于黄铜首饰、钯金首饰等。使用陶瓷抛光介质,在抛掉一些材料的同时,可以使表面的致密度更高一些,使用的陶瓷抛光介质越多,抛光能力越强,表面越光滑。但是,处理时很难去除摩擦留下的擦痕。特别是对银首饰工件表面,会产生有害作用,从陶瓷中分离出来的SiO_2或是刮擦工件表面,或是被嵌入工件表面,结果形成了不平坦的表面,失去了诱人的光泽。因此,在银首饰工件的抛光中,尽量不要使用陶瓷摩擦介质。

(3)塑料摩擦介质。塑料摩擦介质具有中细的研磨效果,常用于金银首饰铸件的预磨,也可用于细磨,软而细的塑料介质在金银类软合金上使用效果很好。最常用的塑料摩擦介质,是圆锥形和金字塔形的。

(4)胡桃壳颗粒。胡桃壳颗粒较软,具有精细的抛光效果,常用于工件的干法处理中。常用的各种抛光介质,见表4-2。

表4-2 抛光介质种类表

湿处理		干处理	
研 磨	抛 光	研 磨	抛 光
陶瓷粒	瓷器粒	胡桃壳颗粒	胡桃壳颗粒
塑料粒	钢 丸	玉米粗面	玉米粗面
		木 屑	木 屑
		塑 料	塑 料
		其 他	其 他

第三节 机械抛光工艺流程

由于首饰工件的形态多种多样、千变万化,所以在去除工件上的毛刺、划痕、焊瘤、氧化皮等各种缺陷时,机械设备的转速、时间,磨料的大小、多少,化学溶液的性质、容量的多少,各种设备在抛光流程的先后顺序,都会影响首饰工件的抛光质量。

为了更好地完成对工件的抛光,抛光工作需按照一定的工艺流程进行。

一、工艺流程

1. 分货

由于不同的货类有不同的抛光工艺流程,所以在抛光工作开始前,要对工件进行分类(俗称分货),确定其抛光工艺流程方法后,再安排生产。

2. 各种货类抛光的工艺要点

(1)K金货。又可细分为以下类型:①工件形状简单,没有明显角度,无密钉、光位大的货。②工件形状比较复杂,有密钉、短爪,角度大的货抛光时间要缩短,要注意观察抛光效果,防止磨蚀。部分男戒需先车磨打后再镶石。③光位小的货,如小工件链坯、耳环、吊坠等。

(2)铂金货。角度位大的货抛珠和沉箱的时间缩短,部分货如男戒需用吊机车磨后再镶石。

(3)银货。部分货如抛核桃粉后,可不再用吊机车磨(视工件抛光效果而定)。

(4)足金货。抛光前可视铸造后工件的效果,增减个别抛光工序。

二、剪水口

剪水口就是将工件上多余的水口线剪掉,提高车水口的效率,减少抛磨的损耗。

1. 主要使用工具

水口剪钳。

2. 操作工艺要点

（1）剪足金、足银工件水线时，剪钳不能紧贴工件，而应留下少许距离，否则会剪伤工件。

（2）剪K金工件水线时，钳口须贴紧工件。

（3）剪水口线时，剪钳用力要均匀，不能扭斜用力，以防止工件变形。

（4）有些工件带有扣针等，容易与水线混淆。剪工件前一定要确定所剪的是水线，而不是工件的组成部分。

（5）剪水线时要用手挡住钳口，防止飞溅。

三、车钢轮

车钢轮就是在剪水线后，车掉残留在工件上的水线痕迹，减少下道工序的工作量。特点是车削速度快，金属损耗大。适合各种有水口的工件。

1. 主要使用设备

三相异步电动机、钢轮。

2. 操作工艺要点

首先调节冷却水的流量，一般水滴速度为2～3滴/s。观察工件水口的位置，确定工件的车磨角度。开机后，采用间断式紧贴钢轮的车法（图4-35）。一边车，一边观察，尽量把水线位车平，且不能车伤工件，尤其要注意钉、爪、槽位。

图4-35 车水口

车工件时，要将K金和铂金的粉末接收容器分开，每个工件车完后，都要及时清理金属粉末、工件。车完工件后，需要到指定的桶中洗手，机位要清扫干净，以尽可能减少金属的损耗。

四、车砂轮

车砂轮就是对车过钢轮或水口小的工件进行光滑、平整处理，消除水口在工件上留下的痕迹。

1. 主要使用设备

三相异步电动机、抛光砂轮、抽尘机。

2. 操作工艺要点

首先开启抽尘机,观察工件水口位的基体外形,开启电动机,使砂轮旋转。如水口位不是平面,有方形、半圆形情况时,需用适当工具(如废旧的圆、方、半圆锉),参照工件形状在砂轮上开出与工件相仿的槽位,使其滑顺,用一工件试车,不断调整,达到要求时才可正常车工件。车磨工件时,将工件在砂轮上轻轻转动(图4-36),直到水口位及打磨位光滑,以及边、角、面大小均匀一致,达到工件的品质要求为止。工件车完后,应及时清理工作台,并到固定的清洗桶内洗手,以尽可能减少金属的损耗。

22 车砂轮视频(无声)

图4-36 车砂轮

五、整 形

整形就是对戒指与十字形吊坠等变形的工件加以矫正。

1. 主要使用工具

戒指铁、平板铁、尖嘴钳、平口钳、胶锤、铁锤。

2. 操作工艺要点

(1)吊坠。观察吊坠的边是否出现斜歪现象,若有,可用平口钳将工件夹直。如工件比较粗硬,可将其放在平铁上用胶锤锤打平整(K金、铜可用铁锤)。

23 整形视频(无声)

(2)戒指。将戒指压入戒指铁中,沿着戒指与戒指铁间仔细检查是否存在空隙,如有空隙则用胶锤敲打整合,同时,也要用手往里压,可达到较好效果。将戒指从戒指铁上取下后,放在平板铁上检查是否平整,不平处可用锤锤打平整(K金、铜可用铁锤)。

将戒指压入戒指铁上时不能用力太大,要注意观察戒指,防止手寸变大。

六、粗抛光

粗抛光就是通过抛光介质与工件之间的相互运动产生摩擦,从而达到清除毛刺,使工件表面更加光滑的过程。常使用震动机、滚筒、沉箱等设备进行处理,它们的操作工艺要点如下。

1. 震动抛光操作工艺要点

抛磨工件前,需调配抛光液,抛光液与清水的比例为1:50,将调配好的抛光液置于带水泵的水箱中。将粗圆锥灰白石粒50%及粗三角灰白石粒50%放入震动抛光机的桶中。接通电源,开启水泵,调节流量大小,一般为2~3滴/s。开启克振机(震动机),均匀撒落工件,最大工作量需根据克振机和震动机的机型确定。每次工作时间为2.5~6h,然后停机取出工件。

2. 沉箱抛光操作工艺要点

对沉箱抛光机,将圆珠、椭圆形珠、圆柱、尖柱、斜柱、飞碟等混合装入滚筒中。磨料的比例为圆珠50%,其他10%。总量约占滚筒总体积1/3。按抛光粉3成、防锈剂1成的比例配制抛光溶液,汇同自来水加入滚筒中,正好淹没转动轴。加工工件最大量根据机型确定,设定抛磨时间8~12h。工作结束后,切断电源,取出工件。

24 沉箱、滚筒抛光视频(无声)

3. 滚筒抛光操作工艺要点

对滚筒抛光机,磨料的比例与沉箱抛光相同,占滚筒总体积1/3左右。按抛光粉和防锈剂3:1的比例配制抛光液,汇同自来水加入滚筒中,占滚筒总体积的2/3为宜。最大投放工件总量根据机型确定,工作时间2~3h。工作结束后,关闭电源,取出工件。

七、拍飞碟

拍飞碟就是对戒指两侧或其他平面工件进行打磨,除去毛刺,使工件平面更加光滑。拍飞碟和执模工艺中推砂纸的工作目的相同,但拍飞碟速度快、效率高,多适用于戒指。

1. 主要使用设备

飞碟机、抽尘机。

2. 主要材料

砂纸带(280#、320#、400#)、飞碟(硬性、中性、软性)、砂石、抛光蜡。

3. 操作工艺要点

视工件情况选用飞碟,将飞碟平面朝下,安装在飞碟机上。用砂石将飞碟底面毛刺磨除,使底面平滑,没有刮手的感觉。

拍飞碟的操作,关键是动作要平稳,注意力集中,动作收放自如。拍飞碟工艺中,拍戒指是基础,掌握手势和动作对机器的适机配合,其他类别工件的拍飞碟方法就会熟能生巧、迎刃而解。操作过程中,需戴上手指套,手不要碰着高速旋转的绒碟。手要握紧工件,防止戒指从手中飞出(图4-37)。

25 拍飞碟视频(无声)

图4-37 拍飞碟

八、磁力抛光

磁力抛光可以将工件表面抛到光亮的程度。由于磨料细小,可解决粗抛光过程中抛磨不到的凹位、槽位等死角位,适宜抛光所有工件。

1. 主要使用设备

磁力抛光机。

2. 主要材料

直径0.5mm和0.3mm的钢针、抛光粉、洗洁粉(剂)。

3. 操作工艺要点

26 磁力抛光 视频(无声)

首先用抛光粉调配抛光液,抛光粉和水可按3.5%的比例配制。再将钢针(直径0.5mm和0.3mm按4:1的比例)放入容器中,总量约500g。工件每次最大投入量500g。K黄、K白、银首饰工件选用转速1900 r/min;足金首饰工件选用转速850～1200 r/min;铂金首饰工件选用转速800 r/min。分别设定顺、逆转的时间,一般设定每5min换向一次,总时间20～30min。

调整转速后,按ENTER键确定转速,否则机器转速会连续不断变动,从而损坏机器。设备连续工作时间为8h。容器中工件放得过大、过多,或设定的顺、逆转向过于频繁时,都会导致机器紧急停止工作。遇到这种情况,应立即关闭电源,取出部分工件或选择正确的顺、逆转时间,再启动运行。每日工作完毕时,要将设备擦抹干净,保持干爽清洁。钢针的颜色变暗时,用中性洗洁剂清洗。新旧钢针不能混用,抛光液呈褐色时需更换。

九、转盘抛光

抛磨工件前,需调配抛光液,抛光液与清水的比例为2%～5%,将调配好的抛光液倒入水箱中,投放磨料量至容器口8cm。接通电源,开启总开关将速度调至3档,接通分桶开关。调节水泵流量为10%档,调整速度档,均匀撒落工件,最大工作量根据机型而定,定时,自动停机,关闭分桶开关,取出工件。

在抛光工件过程中,抛光液要洁净,需不断更新。当桶中产生的泡沫不足时,应增加抛光液的用量。每次抛光工件后,用1～2杯清水清洗振桶腔体,水一定要在开机状态下自动排出,可达到清洗机缝的效果,不可从桶口倒出。下班时如机器仍在连续运作,要配足水箱中的抛光液,确保抛光液不会干涸,否则工件会全部变黑。若出现此类情况,可用1～2杯清水冲洗。要定期检查转盘抛光机,观察桶柱与涡旋底座的间隙(正常为0.25～3mm),并及时调整(干抛时间隙为0.05mm)。

十、抛核桃粉

抛核桃粉是抛光工艺中最精细的一种抛光方法。可去除打字印工件、有窿工件、镶石工件上的毛刺,使工件表面更加光亮。适合各种工件的最终精抛,也称干式抛光法。

1. 主要使用设备

转盘抛光机、拖拽式抛光机。

2. 主要材料

核桃粉、抛光膏。

3. 操作工艺要点

(1) 转盘抛光机。把核桃粉放入桶中,最大添加量至顶缘8cm处,并同时放入抛光膏1~2匙。启动机器,让抛光膏与磨料混合5min,即可放入工件。工件每次最大投放量视机型和工件大小决定,时间设定视工件类别而定。

(2) 拖拽抛光机。将核桃粉放入抛光机料缸内,最大添加量不能超过料缸的1/2,并同时放入抛光膏4茶匙。工件每次最大投放量不能超过设备额定值,放置工件时要将工件固定,然后关闭机门。抛磨时间为5~10h(省砂纸的工件抛5h,不省砂纸的工件抛10h),主要视工件表面粗糙程度而定。调整转速档位,设9档为佳。抛磨一般以有明显角度的工件为主。

4. 操作过程中需注意的问题

(1) 核桃粉要保持干爽。

(2) 在抛磨工件过程中,若磨料起尘,此时必须加入抛光膏。约500g核桃粉,取2~3匙与之混合,然后将混合物均匀洒落在抛光过程的磨料中,并保证其混合。

(3) 涡旋抛光机一次连续运行时间过长时,设备温度就会过高,所以在抛磨工件时,尽量不要超过5h。如生产急需,须增设电风扇降温。

(4) 当磨料在使用过程中磨损变小时,必须通过添加新的磨料进行补充,同时把细小的磨料筛出。

十一、除蜡

除蜡就是清除工件表面及相关部位残留的污垢。

1. 主要使用设备

超声波清洗机。

2. 操作工艺要点

按除蜡水与清水1:30的比例调配清洗液,倒入超声波清洗机水箱内,顶部与清洗液表面间距5cm。接通电源开关,约30min,待水温升至60℃时,将超声波开关置于开的位置,放入工件(图4-38)。不断观察工件,至洁净即可取出,并关闭超声波清洗机的开关。

27 除蜡视频(无声)

28 机械抛光视频

图4-38 除蜡

随着时间的推移，水槽内的水因蒸发变少，可按比例调配清洗液，并适量加入。

第四节 激光焊接工艺

"激光"一词是"LASER"的意译。LASER 原是 Light Amplification by Stimulated Emission of Radiation 取首字母组合而成的专用名词。世界上第一台激光器诞生于1960年，我国于1961年研制出第一台激光器，40多年来，激光技术与应用得到了快速发展。激光技术是涉及光、机、电、材料及检测等多学科的一项综合技术。激光加工是激光应用的首要领域，激光加工技术是利用激光束与物质相互作用的特性对材料（包括金属与非金属）进行切割、焊接、表面处理、打孔、微加工，以及作为光源识别物体等的一项技术。

一、激光简介

1. 激光的主要特性

激光有四大特性：高亮度、高方向性、高单色性和高相干性。

（1）激光的高亮度。固体激光器的亮度可高达 $1011W/cm^2$ Sr。不仅如此，具有高亮度的激光束经透镜聚焦后，能在焦点附近产生数千度乃至上万度的高温，这就使其可用于加工几乎所有的材料。

（2）激光的高方向性。激光的高方向性使其能在有效地传递较长距离的同时，还能保证聚焦得到极高的功率密度，这两点都是激光加工的重要条件。

（3）激光的高单色性。由于激光的单色性极高，从而保证了光束能精确地聚焦到焦点上，得到很高的功率密度。

（4）激光的高相干性。相干性主要描述光波各个部分的相位关系。

由于激光具有上述的奇异特性，因此在工业加工中得到了极其广泛的应用。

2. 激光器的基本组成

激光器是产生激光输出的实际装置，它使工作物质激活，产生受激发放大作用，并使受激辐射维持在腔内形成持续的振荡。最初由自发辐射产生的微弱光经过选择性受激放大，沿光轴的光得到优先强化，光强不断积累增大，当超过腔内损耗阈值时，部分振荡光能耦合输出便成为激光。任何激光器都由工作物质、激励系统和光学谐振器3个基本部分组成。

工业应用的激光系统，根据功率大小可以分成4个主要类别，根据激发方式又可细分为连续波激光和脉冲激光。激光的效率取决于目标材料的吸取、反射和反应性能。连续波激光主要用于打印记、雕刻和焊接等，材料吸收激光能量的部位会发热、熔化、表面气化或产生氧化等化学变化，因此在通常的可见光中发生干涉或颜色改变。根据CAD/CAM原理使聚焦点在 $X-Y$ 坐标系中精确移动，可以做出印记图样。脉冲激光主要用于焊接、表面改性和切割等，具有较高的脉冲能量，但是脉冲频率有限，工业激光多数是4级，需要安全防护，首饰加工业用的大部分激光是1级，具有内置安全装置。

目前，使用的激光器主要有YAG激光器和 CO_2 激光器等。

二、激光焊接工艺

自从激光加工技术引入首饰加工业以来,得到了越来越广泛的应用,它以高速度、高精度和方便性而广受欢迎,逐渐成为首饰加工企业不可或缺的重要设备。

1. 激光焊接的优点

激光焊接是激光技术在首饰业中应用最大的方面,与传统的火焰+焊料焊接相比,激光焊接具有一系列优点。

(1)激光焊接的高速度。首饰加工企业热衷采用激光技术的最主要原因,就是其速度快,激光束脉冲频率有多高,它作用在金属上就有多少次。激光刚出现时,脉冲频率一般是2Hz,即每秒钟操作2次,现在激光焊接机的脉冲频率一般可以达到20~25Hz,高脉冲的机器更适合工业应用。有一些型号的激光焊接机的脉冲频率甚至可以高达70Hz,不过这对于一般的操作者来说太快了,因而有些公司生产的激光焊接机从方便操作考虑,将脉冲频率限制在最高30Hz,就这样仍然比早期出现的机型要快得多。

当然脉冲速度并不等同于生产速度。实际上,尽管激光焊接可以比火焰焊接更快,但是它一次只能焊接一个工件。操作者焊接工件时,一般是手持或用夹具夹持,一次一个,而且大多数激光焊接机的工作室都比较小,一次不能处理大量的工件,或许在生产时间上还会有些增加。但是,采用激光焊接后清理工件的工作量大大减少,所节省的工时足以弥补焊接生产时所需的时间。激光焊接可以在惰性气体保护下进行,不会在产品上留下火斑,因而工件焊接时无须添加助熔剂,焊接后不需进行酸浸处理。因此,总体而言,激光焊接有效地提高了焊接的生产效率。

(2)保证了焊接工件的质量。利用激光焊接可以改善首饰品的质量,降低废品率。使用火焰焊接时,因为发生退火软化,工件在抛光时容易出现凹痕而使废品率增高,采用激光焊接后,因为提高了硬度,凹痕少了很多,从而降低了废品率。如电铸含金58%、含银42%的14K合金首饰,采用火焰焊接时,银产生退火,使饰品整体的硬度从HV145降低到大约一半,如果从齐腰的高度跌落到地面,会摔出凹痕;而采用激光焊接时,由于热量集中,可以采用低功率、高速度的激发,工件不会发生退火,从而使工件的强度更高,而且由于没有产生过热,使焊接部件间的配合也很好。再如,使用火焰焊接时,有时即使采用夹子将其固定,某些焊点也会因受热而有张开的可能;但是采用激光焊接时,即使临近的焊点也不会受影响。

(3)可以开发新的生产工艺。由于这项新技术在首饰加工业中的应用,人们都在改变传统的首饰设计制作思维方式。借助激光技术,可以设计制作一些特殊的结构款式,而在过去由于受到传统的火焰焊接、钎焊或炉内加热黏结方法的限制,这些结构款式难以完成或质量难以得到保证。激光集中在某个点加热的另一个好处是,相对大量熔化的方法而言,激光焊接可以在很窄的焊接区域进行,更容易将不同类的合金连接在一起,因此两个组件间的颜色或组织可以突变,不会互相混合;但普通的加热炉焊接时,颜色会混合到一起。激光焊接的狭窄工作区使之在湿润性、连接健全性和热影响区的晶粒尺寸,都有别于传统的焊接技术。

(4)激光焊接时首饰成色不会发生改变。激光焊接通常不用填充金属料,激光可以使被焊工件局部熔化而直接焊合,首饰的成色不会有任何变化。

(5)可以有效地对工件进行修理,提高修理工件的效率。如修复临近宝石的金属本体和清除铸件的孔洞等。此外,还可以在理想的条件下,焊接距离复杂、热敏感部件近至 0.2 mm 的部位,例如,铰链、钩、扣件、镶口、大部分宝石,甚至是珍珠和有机材料等。

(6)对环境友好。由于激光焊接不需利用焊料和熔剂,不需使用化学溶剂对焊接工件进行清洗,因此不会污染环境,也不存在废物处理的问题。

(7)激光焊接还可节省金属材料。传统的火焰焊接,为适应焊接过程时的损失,一般要求金属厚度有 0.2mm。而使用激光焊接时,可以减薄到 0.1mm,因而饰品的质量可以减轻 35%～40%,这对于电铸工艺而言就十分重要。使用激光不仅能节省贵金属材料,节省焊料的费用,而且有多重焊接时,不必使用不同类型的焊料。

2. 激光焊接的过程

激光焊接由 3 个典型的阶段组成。首先是中心焊接,它将工件连接到一起;第二个阶段是填充,使用合金线作为焊料,来填充初始焊接留下的空隙;第三个阶段是使表面光顺,对焊接点进行激光击打,直到批光和清理工作量最小。

当激光脉冲击打在金属表面,形成了三个显著的轰击区,表现为三个同心圆,最外面的圆是受热的金属,比较热,但是没有显著变化;中间的圆是液化的金属,此时材料本身成为焊料的一部分而进行自焊合,它可以移动,也可以塑成需要的形状;在三个圆的中心,激光束的能量最集中,金属被汽化,也即损失了。在填充和光顺阶段,容易实现更高的脉冲频率。高频率机型的优势,就在于可以更好地控制金属加热的速度。

采用自动脉冲时,为操作提供了很大的方便,因为它可以使金属珠滚动,或形成凹坑并使金属保持液态,因而可以用浅脉冲使金属塑形。有时填充阶段可以跳过,有些用户仅采用中心焊接和光顺两个步骤。如果工件可以设计出很好的配合,则没有必要填充任何额外的材料进去。

3. 首饰业常用的激光焊接机型

首饰加工企业用的激光焊接机,相对而言功率较低,设计成具有最大的安全性,紧凑、方便移动的结构,操作者可以舒适地坐在机器旁操作(图 4-39)。

早期的单脉冲式激光焊接机,操作者必须自己确定激发的能量,如果激发量刚好足够完成工作,则最好;如果不够,就还需要再次激发;如果过量,则会在工件上留下孔洞。使用新型激光焊接机,则损坏工件的概率大大减少。采用低热光功率装置,可以获得很好的焊接效果。功率可以足够低,这样激发单个脉冲不会对金属产生任何影响。但是如果采用低功率装置,以高频率激发脉冲,则金属实际上还是会缓慢加热起来,这样可以让操作者有更多的控制自由度,这点是非常重要的,特别是对薄金属制成的工件。例如,某些电铸首饰,只有 0.1mm 厚,就考虑利用激光将配件连接到电铸件上,而不会完全烧穿它,采用低功率、高速度的激光装

图 4-39 首饰加工业用激光焊接机

置,就可以达到这个要求,而且结果很稳定。

典型的首饰用激光焊接机,可以快速、可靠和准确地焊接大部分金属和合金,但效率在很大程度上取决于目标材料的性能。进行组件的连接或对铸件进行修复,可以在可视控制下,通过一个或多个激光脉冲而完成。通常一个脉冲持续1~20ms。采用立体显微镜和十字交叉线可以准确地对焊接部位进行定位,工件的前后左右位置,可以在立体显微镜视场内作轻微调整。

一台好的首饰激光焊接机的其中一个特征,是光束聚焦的有效深度。激光发生器出口处的多元透镜形成了光束的工作区,用于打标记的激光机需要的聚焦深度小。而对激光焊接机来说,如果工作区的光束是圆柱形的,则更容易使用,因为焦点直径不会改变,随着目标距出口透镜的距离加大,焦点的深度增加。可以通过调节单个激光脉冲的强度、脉冲长度和脉冲频率来控制总体的焊接能量,脉冲与脉冲之间能量的稳定也很重要,这样可稳定地保持针对某个操作的优化设置,预测出适合的焊接参数。整个操作过程的速度,在很大程度上取决于每个脉冲时定位工件所花的时间。工作环境通常是大气气氛,但将空气或惰性气体注入工作区,可以起到一定的冷却作用,另外惰性气体还可以提高合金的焊接质量。许多机型装有抽气装置,可以将工作室内产生的任何气体都抽掉,一些激光焊接机采用有两个操作压力的脚踏开关来同时控制激光脉冲和气流。单个脉冲由踏板受压时间的长短决定,这样可以腾出操作者的双手,便于定位和把持工件。每个脉冲只是激光发生器发出的总能量的一小部分,因此,外部循环水可以有效地进行冷却。首饰加工企业所用激光焊接机的典型参数见表4-3。

表4-3 首饰加工业使用激光焊接机的典型参数(据John,2001)

焊机外形尺寸,长×宽×高(mm)	(700~1350)×(250~550)×(650~860)
质量(kg)	85~150
电源	115或(200~240V)/(50~60Hz),单相
最大平均操作功率(W)	30~80
焦点直径(mm)	0.2~2.0
脉冲能量(J)	0.05~80
峰值脉冲功率(kW)	4.5~10
脉冲持续时间(ms)	0.5~20
脉冲频率(Hz)	单个,10
脉冲电压(V)	200~400

4. 合金材料对激光焊接效果的影响

激光焊接对不同的合金有不同的效果,即使控制参数相同,每次焊接脉冲传递的热量相同,但是每个脉冲的熔化效果取决于表面吸收热能的比例,而不是反射的比例,具体有以下4个因素:①从室温到熔点的热量;②熔点(液相线);③熔化潜热;④热导率。

一些常用首饰材料的典型激光焊接参数见表4-4。

对其他的首饰合金材料,表4-4中的参数设置可能需要作些调整,不同材料具有不同的热导性能、熔化温度和结晶潜热,这些性能集中在一起对有效焊接所需的能量产生显著影响,只有表面吸收了足够的热量,而不是反射出去时,才能进行焊接。因此,工件表面的颜色和反射性也很重要。但高的反射性和高的导热性组合在一起时,如银和高成色K金,将有助于对目标点打标记和发黑,进而有效增加表面的吸收分数。

表4-4 一些首饰材料的典型激光焊接参数(据John,2001)

合金成分	脉冲电压(V)	脉冲长度(ms)	结 果
Pt合金	200~300	1.5~10	焊接很好
99.99Au	300~400	10~20	焊接区域发暗,需高功率
18KY	250~300	2.5~10	焊接很好
18KW	250~280	1.7~5.0	焊接很好
925银/835银	300~400	7.0~20	焊接区域发暗,需高功率
钛	200~300	2.0~4.0	建议用惰性气氛
不锈钢	200~300	2.0~15	建议用惰性气氛

5. 激光焊接铂金合金

铂金合金首饰铸件的质量要求较高,有些表面缺陷在初始阶段可以修复,但是小针孔有时要在抛光时才会暴露出来,运用激光焊接机,可以减少报废重铸的成本。

铂金以其极高的熔点,使焊接和切割等都比较困难。采用激光焊接,高强度的激光脉冲可以使材料在一个很小的目标区域表面产生的温度超过铂的熔点,从而使铂金熔化而焊合。如果能限制工件的热量传递,则可以保持大部分首饰合金的热处理态或冷加工态的硬度,这对铂金首饰合金来说尤其重要。

大部分铂族金属的熔点都很高,但其热导率都比较低(表4-5)。因此,激光在每个脉冲能传递足够的能量,使一个很小的聚焦区熔化,而只有一个很小的热影响区。除钯(熔点1555℃)外,其他的铂族金属首饰合金对激光焊接机参数设置的反应方式都差不多。相比之下,金、银合金的熔点比铂金低得多,但它们的导热性能却高出5~7倍。

表4-5 铂金合金的熔点和热导率(据John,2001)

合金	热导率	熔点(℃)	合金	热导率	熔点(℃)
999Pt	0.245	1773	Pd	0.240	1555
990Pt	0.245	1773	5%Pd	0.247	1765
5%Cu	0.288	1745	10%Pd	0.247	1755
5%Co	0.223	1765	15%Pd	0.247	1750

续表 4-5

合金	热导率	熔点(℃)	合金	热导率	熔点(℃)
3%Co/7%Pd	0.229	1740	5%Rh	0.250	1820
5%Co/10%Pd	0.220	1730	5%Ru	0.255	1795
5%Ir	0.245	1795	5%W	0.267	1845
10%Ir	0.242	1800	纯Au	1.2	1063
15%Ir	0.241	1800	纯Ag	1.702	962
20%Ir	0.237	1830			

对铂金首饰,激光束可以很接近敏感的宝石,一般不必在焊接修理前先将宝石取下来,且大部分组件可以在焊接前基本抛光好,或者可以先将组件点焊,再调整到合适位置,最后用激光焊接提高焊接部位的光洁度。几乎所有铂金合金都属于这一类容易处理的合金,但对不同种类的合金,有必要对激光设置做些小的调整,以获得每种合金的最佳效果。

6. 激光焊接的安全性

激光产品的放射性需遵守 IEC 安全标准,这里面包括了设备类别、技术规范和使用指南等,其目的是通过指示激光放射安全工作等级,及根据其危害程度对激光进行分类,运用标签、符号和指示等方式,为用户提供安全信息及采取相应的防范措施,保护操作者免受波长 200nm~1mm 的激光辐射,并对在激光放射覆盖范围内有关的人员提出警告。

IEC 标准定义了 4 个常用的激光安全类别,但实际上所有首饰用激光焊接机都是第一类,本身是安全的,或通过工程设计可以保证安全。一般在机器内部已设置了必要的安全设施,可以充分保证操作者和附近人员的安全。

典型的安全装置和措施如下。

(1)操作时只有操作者的双手能进入工作室内,并打开两个互锁开关。互锁开关的位置有利于安全稳定地把持工件,手臂安全地阻止了任何辐射线从工作区放射出来。

(2)用显微镜确定最佳的工作位置,这个视野可以自动限制控制区的位置。

(3)采用特殊的屏障,在触发激光脉冲的瞬间暂时关闭视场,可以保护眼睛免受直接的激光放射(以及一些二次放射)。由于这个过程进行得很快,操作者一般注意不到视场的消失。

(4)激光束使大多数材料产生二次放射,包括红外光和紫外光,通过激光保护窗口可以观察到,二次放射不会伤害眼睛,但是如果眼睛直接看可见的二次放射,会引起头痛。

(5)为观察操作过程,激光保护窗口完全是透明的。

(6)除直接的安全外,由于首饰用激光焊接机的座位可以调节,使身体能直立放松,也有助于防止背疼和颈疼。

当然,操作者的双手没有得到保护,在注意力不集中时可能会将手伸入脉冲激光束下而受到灼伤。在首饰用激光焊接机的功率下,一两个脉冲作用在手指上会有短时的不舒适,多次脉冲作用在同一个点时可能会引起深度烧伤,要注意不能感染。只有在非常不利的情况下,二次散射才会达到足够高的强度而烧伤皮肤。正常情况下皮肤暴露在波长1064nm的低级散射中,在生理上是安全的,红外激光放射与普通的热辐射一样。

具有较高导热率的材料经受重复激光脉冲作用时,容易使工件升温而烫伤手指。注意不能在工作区内佩戴首饰(戒指、手表、手镯)。因为激光束会照射它们使之产生热量传递到手指,而在激光室内是很难将一个快速加热的戒指迅速脱下来的。另外,首饰件还会反射散射光甚至使之聚焦,从而引起皮肤灼伤。

29
激光焊接视频

三、激光打标工艺

激光表面打标技术,作为较早使用的一种激光加工工艺,按照激光与材料作用的方式,可分为表面打标和材料转化两种类型。它利用蒸发或烧蚀材料表面的一个浅层来产生所需的标记。与传统的打标技术相比,其优点主要为以下几点。

30
激光打标视频

(1)采用计算机控制技术,易于更改标记内容。

(2)采用激光加工手段,刻划精细,适应现代化生产高效率、快节奏的要求。

(3)对首饰加工材料的适应性广,可在多种材料的表面制作非常精细的标记,耐久性非常好,与工件之间没有外力作用,可保证首饰工件原有的精度。

(4)加工方式灵活,既适用于小批量单件生产的需要,也可满足大批量工业化生产的要求。

(5)无污染源,对环境不会产生有害影响。

因此,激光打标技术对提高产品质量、生产效率和自动化水平,降低污染、减少材料消耗等发挥着重要的作用。

仿制与更改采用激光打标技术制作的标记非常难,在一定程度上具有很好的防伪作用。有些首饰件要求非常精细的花纹或字印,若运用传统的铸造、冲压等工艺满足不了要求,但激光表面打标技术则可以实现。激光源的平均输出功率达40W,可用于打上0.01mm的微细印记,这些印记可沿一个单一的路径高速实现。典型的激光系统为带XY扫描头的Nd:YAG激光器。

四、激光雕刻工艺

激光雕刻以连续或重复脉冲的方式工作,雕刻过程中激光光束聚集成很小的光点(最小直径可小于0.1mm),使焦点处达到很高的功率密度。这时光束输入(由光能转化)的热量远远超过了材料放射、传导或扩散的热量,材料很快被加热至汽化温度,蒸发形成空洞。随着光束与材料的相对线形移动,使空洞连续形成很窄的切缝。在雕刻的过程中,应添加与被切材料相适应的辅助气体以及为防止与周围空气发生化学反应而加入的保护气体。激光雕刻可看作是激光打标技术的直线延伸,在合适的聚焦条件下,某些激光器可达到直径为30μm的激光点。因此,可以非常准确地雕刻很小的图像,可在1mm见方的小区域内打上标记和字印,满足首饰个性化需求，打上的标记还兼具有防伪的功能。激光雕刻可在平面或曲面进行，深度可达零点几毫米。随着激光技术的进步，激光雕刻机的功率亦更趋强大，可雕刻更多种类的金属。Au具有极高的导热性，因而需要更大能量的击打，才可使击打点熔化。由于功率所限，老式的65W激光雕刻机不能产生雕刻Au所需的热量，而新型激光雕刻机的功率可达到100W，可轻易地解决该问题。此外，它还带有$X-Y-Z$轴的自动旋转台及步进程序，操作者只需按照说明书操作，即可同时雕刻20～30个工件，从而满足大批量生产的要求。

第五章　镶嵌工艺

精美的首饰离不开贵金属（包括铂金、黄金与白银），然而不可否认的是，首饰中最耀眼的部分当属镶嵌其中的形态各异、色彩绚丽的宝石。天然宝石和玉石是大自然馈赠给人类的精美"礼物"，是地球形成、演化过程中各种地质作用的产物，显示了自然界鬼斧神工般的神奇力量。宝石具有摄人心魄的魅力，可以引人产生无限的遐想。

镶嵌工艺就是将不同色彩、形状、质地的宝石和玉石，通过大量运用镶、锉、錾、掐、焊等方法，组成不同的造型和款式，使其形成具有较高鉴赏价值的工艺品和装饰品的一种工艺技术手段。

镶嵌工艺是以手工操作为主的技艺，其技术含量高，是首饰加工过程中操作难度较大的一项工艺。镶嵌工艺强调操作者的技能熟练程度，几乎每一件精美的珠宝首饰都是操作者技能的体现。

常见的镶嵌方法主要有：倒钉镶、爪镶、包镶、窝镶、飞边镶、起钉镶、迫镶、无边镶等。

第一节　配　石

配石是镶嵌工艺的重要工序之一，是指按照订单要求，检查客户提供或自购的各种规格宝石的质量、数量、质量是否与订单要求相符。然后筛选分类，按客户的订单要求和数量配好宝石，交镶石部门安排生产（图5-1）。

图5-1　配石

一、主要使用工具

10倍放大镜、镊子、钻石量规、卡尺、电子磅、钻石灯等。

二、操作工艺要点

(1)了解并熟悉客户订单要求。

(2)对客户提供的宝石,需进行称重和验数,见表5-1。

(3)检查宝石是否有缺口、裂隙、碎裂等现象,以及宝石的颜色、净度等级是否与订单要求相同。用蜡托或金托试石,检查宝石形状、规格与镶口是否匹配。如发现客户提供的宝石与订单要求不符,须及时报告。

(4)严格按订单要求给工件配石,交镶石部进入下一工序的生产。

(5)将配石数量、镶嵌方法、客户名称等数据输入生产管理系统。

(6)检查镶嵌宝石后的工件,处理在镶石过程中出现的余石、碎石等问题。

表5-1 配石称重、验数表

筛号	大小(mm)	质量(ct)	筛号	大小(mm)	质量(ct)	筛号	大小(mm)	质量(ct)
000		0.004	6.5	1.8	0.026	13.5	3.2	0.130
00		0.004	7	1.9	0.031	14	3.3	0.146
0	1.0	0.006	7.5	2.0	0.035	14.5	3.4	0.153
1	1.1	0.007	8	2.1	0.042	15	3.5	0.165
1.5	1.2	0.008	8.5	2.2	0.046	15.5	3.65	0.185
2	1.2	0.009	9	2.3	0.051	16	3.7	0.200
2.5	1.25	0.010	9.5	2.4	0.060	16.5	3.8	0.205
3	1.25	0.011	10	2.5	0.065	17	3.9	0.230
3.5	1.3	0.013	10.5	2.6	0.073	17.5	4.0	0.250
4	1.4	0.014	11	2.7	0.080	18	4.1	0.255
4.5	1.5	0.015	11.5	2.8	0.085	18.5	4.2	0.265
5	1.5	0.017	12	2.9	0.100	19	4.3	0.300
5.5	1.6	0.019	12.5	3.0	0.110	19.5	4.4	0.320
6	1.7	0.021	13	3.1	0.120	20	4.5	0.360

三、配石常用的术语

(1)车工(切工):指宝石切磨的形状和款式。切磨后的宝石,应符合客户的订单要求。

(2)颜色:指宝石的颜色。如蓝色、黄色、红色、绿色、褐色等。

(3)大小:指宝石的大小、尺寸。

(4)石朦:指宝石表面发暗导致透明度降低,从而影响到宝石亮度的现象。

(5)针窿:指宝石内存在小的针孔现象。如宝石台面或底部有针窿。

(6)黑点:指宝石表面、内部含有黑色的杂质。

(7)内花:指宝石内部和表面所含的杂质。根据所含杂质的明显程度,可分为含微小杂质、含有杂质和含有明显的杂质3类。

(8)内裂:指宝石内部和表面所含的裂隙程度。

宝石内部裂隙:根据所含裂隙的程度,可分为含微小裂隙、含有裂隙和含有明显的裂隙3类。

宝石表面裂隙:根据所含裂隙的程度,可分为含有轻微的裂隙、含有小裂隙和含有明显的裂隙3类。

(9)石崩:指宝石表面存在缺陷或缺口的现象。根据缺陷所在的位置,又细分为5种:边部缺陷、棱面缺陷、台面缺陷、底面缺陷、面角缺陷。根据缺陷的明显程度,可分为含有微小缺陷、含有小的缺陷和存在明显缺陷3类。

第二节 镶嵌宝石的准备工作

一、上火漆

上火漆的目的是将工件固定在火漆柄上,使操作者在镶石过程中便于把持和操作。多用于耳环、吊坠或要迫打的镶嵌工件,其他不同镶法需视首饰工件的具体情况而定。

1. 主要使用工具

焊具一套、火漆混、镊子、铁砧等。

2. 操作工艺要点

将火漆放到铁砧上,然后用脚均匀地踏风球,点燃火枪,用火焰对准火漆移动加热。待火漆软化后,将火漆柄一端按在火漆上面,再用镊子将火漆从铁砧上脱离。用火枪继续在火漆上加热,将工件放入柔软状态下的火漆中,并使镶石位暴露在外,用手或镊子压迫工件周围火漆,使工件固定(图5-2)。最后将火漆放入水中冷却,使其变硬,增加强度。

图5-2 上火漆

上火漆时,手应侧向持火漆棍,火漆不能放在手的正上方,以防止火漆受热融化滴在手上,将手灼伤。火漆不能从镶口溢出,否则会增加镶石的难度。加热火漆及上火漆工作结束时,要严格检查火源是否留有不安全的火种隐患,应将各种受热工具摆放在安全位置。

二、磨平铲

在首饰加工过程中,平铲的用途十分广泛,是镶石过程中最常用的工具之一,几乎每种镶法都要用到平铲,如用于铲边、起钉、拆石等。

1. 主要使用工具

索嘴、缝纫针、油石、缝纫机油。

2. 磨平铲的操作步骤

(1)将油石放在台面的正前方,人挺胸与台间距离约10cm。

(2)将油石用纸巾擦干净,在油石中加上适量的缝纫机油,以提高磨平铲的速度、质量及减少油石的磨损。

(3)装针。取一枚缝纫针,把尖端剪去,然后放入索嘴。索嘴有单头索嘴和双头索嘴两种,其主要作用是夹持钢针,使之用力面积增大,方便工作。针头露出的长度约1cm。如果针头出露过长,用力时容易把针压弯或压断;如果针头出露过短,用力时索嘴头会经常碰撞工件。

(4)左手按住油石,右手紧握索嘴(握索嘴是用拇指和食指的中前端紧握索嘴的防滑处,其余手指帮助固定),使针在油石上来回摩擦。在磨平铲过程中,手腕与手前臂成一直线,手臂台面保持一定的角度与高度,利用手腕控制针与油石的角度,倾斜角度为30°~40°。磨平铲主要是利用肩膀的力度,使针在油石上水平地来回摩擦,其间用力要均匀(用力在钢针上,图5-3)。注意手不能左右摆动,以免磨出几个面或斜面的平铲。

图5-3 磨平铲

(5)用同样的方法,磨针的另一面,要注意在长的角位用力稍重些。

3. 磨平铲的要求

平铲的两个面大小应一致,表面要平滑,有亮度,不能形成弧形及多个刃面。平铲的锋口要成一直线,锋口要锋利。在磨平铲的过程中,需要特别注意平铲的角度,不同的使用场合对平铲的要求有所不同。用于铲边的平铲,用95°角相对要快,因为它磨得越薄越锋利,越有利于铲除金属。用于起钉的平铲,用85°角相对省力,因为平铲口尖受力面积小,使用同等的力量,起钉的效果更好。

04 磨平铲视频(无声)

三、制作钉镶吸珠

1. 主要使用工具

吊机、钻石针、球针、油石、火枪、钳子。

2. 操作步骤

（1）用一支废工具（如轮针）将其尖端剪去，并在油石上或用砂辘将其磨平。

（2）右手用钳子夹住废工具，左手握火枪烧废工具的前端，烧至发红后，让其自然冷却，废工具经过回火可使其变软。

图5-4 自制吸珠

（3）左手拿住废工具，靠住台塞固定，右手拿起安装了钻石针的吊机头，用钻针在废工具截面中间钻孔，钻孔过程中，吊机固定不动，左手慢慢转动废工具，钻石针在钻孔过程中，应与工具截面保持一定的倾斜，钻成的孔要成半圆形（图5-4）。

（4）改用球针（一般用006球针）将钻孔钻圆，并将钻孔打磨光滑。

（5）将已钻好的钉镶吸珠加热，加热至发红后，马上放入水中冷却淬火，以增加吸珠的硬度。

3. 操作要求

（1）吸珠的内孔必须正中，不可斜歪。

（2）孔不宜钻得太深或太浅，深度则要根据倒钉镶的钉长而定。

（3）孔要圆，且孔壁要光滑。

（4）吸珠的大小应根据钉头的大小而定，过大、过深易导致钉头不贴石，操作过程中容易损坏宝石；太小则压出的钉头会花。

四、制作窝镶吸珠

1. 主要使用工具

同"钉镶吸珠"。

2. 操作步骤

参见"钉镶吸珠"的操作方法。

3. 操作要求

在自制窝镶吸珠的过程中，要注意边既不能太厚，也不能太薄。若边太厚，吸珠吸不下去，即使能吸下去，亦会将太多的金屑吸下，影响外观。若边太薄，吸珠时容易将金屑边吸起，并易出现甩石现象。吸珠的边不能一边厚、一边薄或外形不够圆，否则吸出来的效果是金屑一边多、一边少，影响外观。

第三节 镶嵌工艺

在镶嵌宝石过程中,常用的镶嵌方法主要有倒钉镶、起钉镶、爪镶、窝镶、迫镶、包镶、无边镶等,各种镶嵌工艺简介如下。

一、倒钉镶

倒钉镶就是将镶口上已有的钉压向宝石,使宝石固定在镶口上的镶嵌方法。这是镶石工艺中最简单、最基础的镶法。学习镶石工艺一般先从此镶法开始。

1. 主要使用工具

平铲、镊子、桃钻针、波钻针、吸珠、吊机、油石等。

2. 操作工艺步骤

(1)将需镶嵌的宝石放在铁砧上,并按不同的大小依次排开。

(2)将上好火漆(戒指夹)待镶嵌的工件用左手把持,靠住台塞固定。

(3)用镊子沾一点印泥,然后点石,将宝石放在镶口位上度石(图5-5)。如宝石比镶石位大,则根据宝石的厚度用桃针或伞针开位(图5-6),直到镶口位与宝石大小贴合。

(4)根据宝石的大小,选一支与所镶宝石一样大的飞碟,贴住钉角斜放入飞碟,然后慢慢扶正,车坑位。

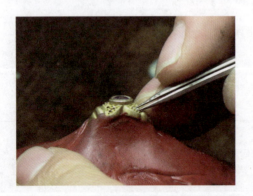
图5-5 度石

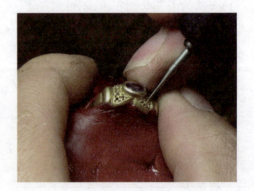
图5-6 开位

(5)用镊子沾一点印泥点石,斜放入宝石至镶口,宝石需略低于工件表面,然后用镊子将宝石压正,宝石一定要落在飞碟车出的坑位内。如果宝石平整,则用吸珠从下向上将钉头推往石边(图5-7),钉须紧贴宝石。如宝石落坑后不平整,则需用飞碟在倾斜的反方向再车低,直到宝石平整为止。如宝石离钉太远,可用平铲将钉压近,再用吸珠将钉头贴向宝石(图5-8)。需要特别注意的是,在操作过程中不能划花镶石边和光金位。

 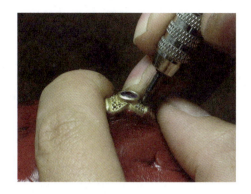

图5-7 推钉　　　　　　　　　图5-8 吸钉

3. 倒钉镶的工艺要求

（1）镶好的宝石不能出现宝石斜歪、宝石不平整、宝石镶嵌不牢固、碎石等现象。

（2）宝石与宝石之间的高低，应根据工件的外形而定，同一直线上，宝石与宝石之间不能出现高低不平的现象。

（3）宝石周围的光金位和金边不能划花。

（4）钉头要圆，不能压扁，钉头边不能出现金屑。

（5）钉既不能过长也不能过短，过长易勾衣服，过短宝石镶嵌不牢，易出现甩石现象。

（6）镶嵌前必须仔细观察宝石的厚度、形状，再开坑位。

（7）观察宝石是否平整的方法，是将宝石面与镶口位作对比。把宝石面看作一直线，分别从4个方向与镶石位作比较，若平行则宝石平整。

（8）观察宝石是否平整，应从工件的整体外形来观察。

二、起钉镶

起钉镶就是通过手工起钉，使宝石固定在镶口上的镶嵌方法。起钉镶的镶嵌效果与倒钉镶的镶嵌效果是一样的。

1. 主要使用工具

平铲、镊子、桃钻针、波钻针、吸珠、吊机、油石。

2. 操作工艺步骤

起钉镶的操作工艺过程，见图5-9。

A. 车坑　　　B. 落石起钉　　　C. 铲钉　　　D. 铲边修整　　　E. 完成

图5-9 起钉镶的操作工艺过程示意图

(1)用镊子沾印泥点石,放在镶石位上度位,如宝石比镶口大,则用桃针开位,直到镶口位与宝石大小贴合。

(2)用镊子沾印泥点石,将宝石放在镶口上,宝石面要略低于金面。

(3)确定起钉的位置。通常三钉在镶口边按等边三角形划分,四钉按正方形划分,六钉按六边形划分。

(4)用平铲在起钉位起钉,先用平铲在角位的起钉位起钉,再以同样方法起其他钉。

(5)用平铲将宝石边和其他多余的金屑铲掉。

(6)用吸珠将钉头吸圆,并使其紧贴宝石。

3. 起钉镶的工艺要求

(1)宝石平整,不能出现宝石斜歪、宝石镶嵌不牢、碎石等现象。

(2)钉头要圆,不能压扁及出现金屑。

(3)起钉用的平铲一定要锋利,钝了需及时用油石磨锋利后再使用。

(4)镶嵌前,应仔细观察宝石的形状、厚度,再开位。

(5)落石时,宝石面应与金面持平,或略微低于金面。

三、爪镶

爪镶就是用爪来固定宝石的镶嵌方法。爪可分为圆爪、方爪、三角爪、指夹爪、八字爪、六爪、四爪、三爪、二爪、单爪、公共爪等。

爪镶可进一步分为:底爪镶、钻石类爪镶与色石类爪镶。

1. 主要使用工具

飞碟、尖嘴钳、剪钳、三角锉、竹叶锉、镊子、吸珠、吊机、伞钻针、桃钻针。

2. 操作工艺步骤

爪镶的操作工艺过程,见图5-10。

图5-10 爪镶的操作工艺过程示意图

(1)度位。将宝石放到镶石位上度位(图5-11),注意宝石的大小、厚度,如合适,则根据宝石的大小,用适当的伞钻针或飞碟在爪上车握位,握位的高度可根据宝石的厚度而定。

(2)车位开坑。如果宝石比镶口位大,则用伞钻针或桃钻针车底金,使宝石与镶石位相当(图5-12)。然后再根据宝石的类型进行相应操作,如蛋面形宝石就用伞钻开坑位等。开坑时应与度位时所确定的深度和高度一致,爪脚与筒位交接点不能车空。

图5-11 爪镶度位

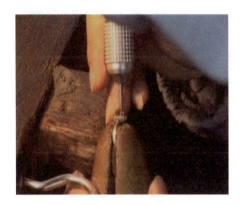

图5-12 爪镶车位

(3)钳爪。用镊子沾印泥点宝石,先斜放入镶石位再用镊子推正,若宝石平整,则用尖嘴钳分别将对称的爪略钳紧,使爪贴石,再将相邻的两只爪钳正、钳紧(图5-13)。注意钳爪时不能使宝石移位偏斜,也不能造成钳痕太深,否则会影响其后的执边工序。

(4)剪爪。用剪钳剪爪时,用手压住爪头,避免爪头弹走(图5-14)。需注意爪的长度,过长会增加锉的时间,过短则易吸到宝石。

图5-13 钳爪

图5-14 剪爪

(5)锉爪。剪爪后,要用三角锉将爪锉到符合吸爪的高度,爪高一致。之后,再用竹叶锉将爪内侧修整至贴石,再将爪外侧修圆,以便于吸爪与吸珠。锉爪时,要用左手拇指或食指定位,切勿锉到石面(图5-15)。

(6)吸圆爪。用合适的吸珠吸爪,由内至外与两侧均匀摇摆,直到将爪头吸圆,紧贴宝石,爪外侧吸至与内侧同一高度(图5-16)。

图5-15 锉爪

图5-16 吸圆爪

3. 爪镶的工艺要求

(1)爪要紧贴宝石。

(2)宝石必须平整,不能出现宝石斜歪、宝石镶嵌不牢、碎石等现象。

(3)爪的长短应一致、对称,不能歪斜,不能钳花爪背。

(4)爪的握位要深浅、高低一致。钻石握位一般车爪的1/4~1/3;如果是有色宝石,就可以车爪的1/3或略多一点。不论镶何种类型的宝石,车握位时都要视宝石的大小、厚薄而定。

(5)如是蛋面形宝石、八角形宝石,镶嵌时要注意,切勿使宝石发生扭转和偏位。

4. 注意事项

(1)镶嵌前应仔细观察宝石的形状、厚度,然后再镶爪。镶嵌过程中,一定要留意出现的问题,并及时解决,避免整批工件出现质量问题。

(2)吸爪时不能损坏宝石,产生碎石、宝石缺口、划花宝石等现象。

(3)若有公共爪,首先应考虑镶石后是否妨碍吸爪,如有妨碍,则应先吸公共爪。

(4)吸爪时,应由爪的外侧向内吸。

(5)吸爪后,爪要紧贴宝石,爪头要圆,不能吸花或吸扁,不能出现长短爪的现象。

(6)爪不能钳得太花,否则打磨抛光后会使镶爪变细,降低强度,爪头不能有金屑(披锋)。

08
爪镶工艺视频

四、窝镶

窝镶就是将宝石深陷入环形金属石碗内,边部由金属包裹嵌紧的镶嵌方法。

1. 主要使用工具

波钻针、球针、飞碟、窝镶吸珠、钢压、镊子、吊机、平铲。

2. 操作工艺步骤

窝镶操作工艺过程,见图5-17。

A.度石

B.车坑

C.落石

D.压金边

E.完成

图5-17 窝镶操作工艺过程示意图

(1)用镊子沾印泥点石,放在工件的镶口上度位(图5-18)。

(2)若宝石比镶口位大,则用波钻针开位,使镶口位略大于宝石,然后用飞碟在镶口位上车一小窝(俗称打光圈,图5-19)。

图5-18 窝镶度位

图5-19 窝镶车位

(3)用镊子沾印泥点石,沿坑位落石,其后观察宝石是否平整,若宝石不平,可能是底金太厚,需用波钻针开位,直至将宝石放平;若宝石平整,则用窝镶吸珠将宝石吸紧,吸时吊机转动不能太快,宝石吸稳后,再看宝石是否平整,若宝石平整就将宝石吸紧(图5-20)。

(4)用钢压把吸石时产生的金屑压紧,使金屑紧贴宝石,若金屑不均匀,则将多余的金屑铲掉,再用钢针压实金屑(图5-21)。

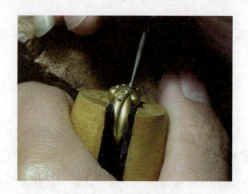

图5-20 窝镶吸石

图5-21 压金边

(5)使用波钻针车位时,要注意波钻针不能偏位。

(6)吸石时所选用的吸珠要适合,太小则吸到宝石边无金,太大则不贴宝石或易分层。

3. 窝镶的工艺要求

(1)镶嵌前应仔细观察宝石的形状、尺寸,再开坑位。

(2)不能出现宝石斜歪、镶嵌不牢、碎石、金屑不贴石等现象。

09 窝镶工艺视频

(3)宝石面要略低于金面。

(4)金屑要均匀,不能太多、太少或高低不平。

(5)窝的边不能出现缺口,或出现边一大、一边小现象。

(6)宝石须居正中位置,不能偏斜。

(7)压金屑时手要稳定,不能将金边划花。

五、迫镶(又称轨道镶、夹镶或槽镶)

迫镶就是在首饰镶口两侧车出沟槽,将宝石夹进沟槽的镶嵌方法,可以细分为迫镶圆钻、迫镶方钻和田字迫镶3种类型。

(一)迫镶圆钻

1. 主要使用工具

牙针、轮针、飞碟、迫镶棒、铁锤、吊机、镊子、平铲。

2. 操作工艺步骤

迫镶圆钻操作工艺过程,见图5-22。

(1)用镊子沾印泥点石,放在镶石位上度位,如宝石大(即宝石可放在两侧金边上),则用牙

A.度石　　　　　B.车坑　　　　　C.落石　　　　　D.迫打　　　　　E.修整完成

图 5-22　迫镶圆钻操作工艺过程示意图

针垂直于金面将两侧的金边车开,直到两边金边之间的距离小于宝石直径的 0.2mm。

（2）根据宝石边的厚度,选用细轮针车坑,然后根据宝石用轮针斜扫底金,使底金与宝石的厚度一致,以同样方法车另一面,使两边底金与宝石底形状相吻合,面金的厚度要有 0.4～0.5mm。

（3）用镊子沾印泥点石,先将宝石的一边放进前面的坑内,然后再用适当的力将另一边按下去,以头位（第一粒石）为标准,依次落入其他宝石,并要求做到宝石平整,疏密均匀。

（4）用迫镶棒垂向外倾斜迫打镶金面的外围,然后垂直迫打面金。

（5）用平铲将遗留在宝石面上的金屑铲走,用平铲铲顺金边,以便观看金边是否紧贴宝石。

3. 迫镶圆钻的工艺要求

（1）镶嵌前,应先仔细观察宝石的形状、厚度,再开坑位。

（2）根据宝石的形状、数量及镶石位的长度,合理控制宝石的间距。

（3）宝石平整、高低及疏密一致,镶嵌牢固,无碎石等现象。

（4）金边紧贴宝石边。

（5）镶完宝石的工件,不能出现变形及金面凹凸不平的现象。

（6）车坑时,时刻注意车到面金的厚度。

（7）底金不能车得太空,车得太空则容易造成落石过松,这样会增加迫紧的难度,且面金容易变形。

4. 注意事项

（1）迫边时,应先从镶口边斜向迫紧宝石,再正面压实宝石。

（2）迫边时,应一边迫打,一边检查是否有宝石斜歪、移位、镶嵌不牢等现象。如宝石有斜歪,观察宝石斜向哪边,在相应对称的另一边加迫直至宝石平整。若宝石斜歪严重,需视情况拆石重车位再镶。

（3）镶石位两侧的金边大小应一致,不可出现大小边现象。

（4）面金不能遮挡宝石太多,也不能遮挡宝石侧面多于 2/3。

（5）面金需要保留一定的厚度,即 0.4～0.5mm。

（6）座石不能出现高低现象。

（7）宝石须对称,深浅、阔窄一致。

（8）横担的作用是防止工件变形,因此不能将横担位车断。

(二)迫镶方钻

1. 主要使用工具
牙针、轮针、迫镶棒、铁锤、吊机、镊子、平铲。

2. 操作工艺步骤
迫镶方钻与迫镶圆钻的过程基本一致,其操作步骤如下。

(1)用镊子沾印泥点石,放在镶口位度位。如宝石大(即宝石可放在两侧金边上),则用牙针垂直于金面将两侧金边车开,直至可放到两侧金边1/4的位置。

(2)根据宝石边的厚度,选择合适的轮针车坑。然后根据宝石的厚度用轮针斜扫底金,使两边底金与宝石吻合。

(3)用镊子沾印泥点石,先将宝石的一边放入上述的坑位内,再用适当的力将另一边按下去,并将宝石排好放平。宝石与宝石之间不能有缝隙。

(4)使迫镶棒垂直于金面,向内倾斜迫打镶石位的边角,直到将宝石迫紧,再使迫镶棒垂直于金面,迫打金边,直到压紧宝石。

(5)用平铲将遗留在宝石面上的金屑铲走,以便观察金边是否紧贴宝石。

3. 迫镶方钻的工艺要求
(1)镶嵌前,应先仔细观察宝石的形状、厚度,再开坑位。

(2)宝石平整、高低一致,不能出现镶石不牢、碎石等现象。

(3)宝石与宝石之间排列紧密,没有缝隙。

(4)金边大小一致,不能出现大小边现象,且金边紧贴宝石。

(5)面金不能遮挡宝石太多,通常不能遮挡宝石侧面多于2/3。

4. 注意事项
(1)面金需要保持一定厚度,既不能太厚,太厚容易造成工件变形;也不能太薄,太薄易出现镶石不牢固的问题。

(2)迫边时,需时刻注意检查宝石有无斜歪、排列不紧密、移位等问题。如宝石有斜歪,仔细观察宝石斜向哪边,则相应在对称的另一边加迫,直至宝石平整。若宝石斜歪严重,则需视情况,将宝石拆下重新车底位再镶。

(3)开坑位时要对称,深浅、阔窄一致。

(4)座石不能出现高低现象,以石面为准。

(5)横担的作用是防止变形,因此不能将横担位车断。

10
迫镶工艺视频

(三)田字迫镶

1. 主要使用工具
牙针、轮针、迫镶棒、铁锤、吊机、镊子、平铲。

2. 操作工艺步骤
田字迫镶操作工艺过程,见图5-23。

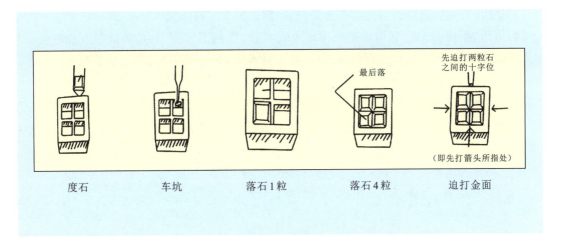

图 5-23 田字迫镶操作工艺过程示意图

(1) 用镊子沾印泥点石，放在镶口位度位，将宝石放在田字迫镶口的一个边角上度位。

(2) 如宝石比镶口位大，则用牙针扫镶石位的面金，将镶口扩大，直到镶石位仅能斜放入宝石。

(3) 根据宝石的厚度及宝石底部的形状，用轮针扫镶石位的担位及底金，直到宝石能平稳放入镶口。

(4) 以同样的方法放入第 2 粒、第 3 粒宝石。

(5) 镶第 4 粒宝石前，先按第 1、2、3 粒宝石的方法车坑，然后慢慢将宝石沿角位放入镶口，再用镊子慢慢将宝石推正，直到宝石平整，宝石间没有缝隙。

(6) 用迫镶棒垂直于金面，稍微向内，先迫打其中两粒宝石间的一点，使其中的宝石与宝石同样受压、受迫，用同样方法迫打其余四点，使 4 粒宝石受到同样的压迫，再用迫镶棒迫打其余位置，直到宝石平整、金面紧贴宝石。

3. 田字迫镶的工艺要求

(1) 镶嵌前，应先仔细观察宝石的形状、厚度，再开坑位。

(2) 宝石平整、排列紧密、高低一致，宝石之间不能出现重叠、镶嵌不牢、碎石等现象。

(3) 宝石之间不能出现空隙。

(4) 宝石间形成的十字须对称，十字的四边成直角，且长短一致。

(5) 四周的金边大小一致，而且金边要紧贴宝石。

(6) 金边不能遮挡宝石太多，最多不能遮挡宝石侧面的 2/3。

(7) 镶嵌宝石的工件不能出现变形、金面不平的现象。

(8) 落石时一定要紧，如果过松，在迫打时中间很容易被挤高。

4. 注意事项

(1) 面金需要保留一定厚度，既不能太厚，也不能太薄。太厚易造成工件变形，以及迫镶过程中宝石碎裂的问题。

(2)横担是用来固定坑位及宝石的,因此不能将担位车断或铲断。

(3)迫边时,先斜迫镶口边使宝石迫紧,然后再正迫将宝石压紧。

(4)迫边时,需时刻注意检查是否出现宝石斜歪、排列不紧密、移位等问题。如有宝石斜歪,则用锩子将宝石推平;如宝石斜歪严重,则需视情况,将宝石拆下重新车坑位再镶。

六、包镶

包镶就是用金属边把宝石四周围住的一种镶嵌方法,也是较常用的一种镶法,其特点是镶口牢固。

1. 主要使用工具

迫镶棒、桃钻针、飞碟、锤子、吊机、平铲、伞钻针。

2. 操作工艺步骤

包镶操作工艺过程,见图5-24。

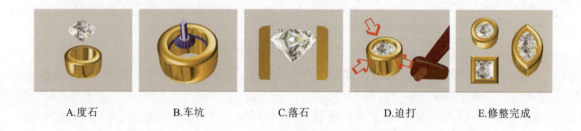

A.度石　　　　B.车坑　　　　C.落石　　　　D.迫打　　　　E.修整完成

图5-24　包镶操作工艺过程示意图

(1)用锩子将待镶的宝石放在镶口位上度石,如果宝石比镶口位大,则用一支与宝石直径一样大的桃针开位,直到宝石与镶口位贴合。

(2)用飞碟或轮针车坑,如果镶有色宝石需车底金,可用伞钻车底金,然后用锩子沾印泥点石,沿坑位落石。

(3)如果宝石平整,则利用台塞将工件固定,然后左手拇指按住迫镶棒中部,食指、中指在另一边夹住,拇指、食指、中指形成三点固定镶棒,右手拿锤,用锤子敲打迫镶棒,将金边迫向宝石边。在迫打的过程中,迫镶棒要略向外倾斜,直到把宝石包紧,金边紧贴宝石。

(4)在迫打过程中,要时刻注意宝石斜歪的问题,不能先迫打一边,而是需两边相对均匀用力进行迫打。

(5)用平铲将遮挡宝石面的金屑铲除。

3. 包镶的工艺要求

(1)镶嵌前,应先仔细观察宝石的形状、尺寸,再开坑位。

(2)宝石应平整,不能出现宝石斜歪、镶嵌不牢、碎石等现象。

(3)宝石必须位于镶口的正中位置。

(4)迫完后,工件不能变形。

11 包镶工艺视频

(5)迫打过程中,锤子敲打迫镶棒时,用力要均匀,迫镶棒不能离开金面,并保持略向外倾斜。

(6)迫边后,宝石要紧,边要顺,面金要保留一定厚度,即0.4~0.5mm,不能太厚或太薄而影响美观。

(7)用平铲铲金屑时,应避免磕碰宝石。

七、无边镶

无边镶就是用金属槽或轨道固定住宝石的底部,并借助于宝石之间及宝石与金属边之间的压力固定宝石的一种方法。

1. 主要使用工具

牙针、轮针、迫镶棒、铁锤、吊机、锞子、平铲。其中牙针、轮针都要用两种规格(一大、一小)。牙针车横担的用007或008,扫面金用010。轮针车横坑的用006或007,车迫镶边的用009或010。

2. 操作工艺步骤

无边镶操作工艺过程,见图5-25。

A.度石　　　B.车坑　　　C.迫镶边开坑　　　D.落石迫紧　　　E.修整完成

图5-25　无边镶操作工艺过程示意图

(1)用锞子沾印泥点石,放在镶口上度位。

(2)根据宝石的大小,宝石坑位的深浅,调校好中间横担的高低与厚薄,厚薄一般为0.3~0.4mm,横担到金面的高度一般为0.7~0.8mm。

(3)调校好横担的高度和厚度之后,用006或007的轮针,在横担上开坑,坑要与横担的平面平行,坑到面的厚度为0.06mm左右。

(4)横担的坑位开好后,用009或010的轮针开迫镶边的坑,面金的厚度一般应为0.5mm。完成后最少不能少于0.3mm。如果边要辘珠边,最好有0.4mm厚。

(5)调校好坑位后,用平铲或锞子沾印泥落石,先落要迫打那边,然后轻轻将宝石放入有横担的坑位内,像齿轮一样吻合。

(6)如果是三行以上的无边镶,调校好横担后落石,一般都从中间开始,因中间的宝石是没有面金迫打的,宝石的松紧主要是依靠落石和两边的宝石将横担向中间迫紧,所以调校坑位一定要准,落石不能松。

3. 注意事项

（1）落石要求。宝石要紧，每粒宝石的石边要将横担遮住一半，即2粒宝石落下去后，要将横担遮掩，否则需再用007的牙针扫细。落迫打最边的两行，最好轻微向里面倾斜，迫打后会平。

（2）镶后要求。宝石平整、石紧、高低一致，不能有空隙见到横担，不能出现宝石斜歪、镶嵌不牢、碎石等现象。宝石与宝石要对齐，十字位要正。

八、飞边镶（又称批丝镶或意大利镶）

飞边镶是一种包镶与起钉镶结合的镶嵌方法，即宝石的四周被金属镶边包围，其上又被若干铲起的金属小钉固定的一种镶嵌方法。其特点是镶边上铲起的小钉通常比较细小。飞边镶与包镶的区别在于，飞边镶的金属镶边只起到围住宝石的作用，不用迫打镶边固定宝石，而是通过从镶边铲起的小钉固定宝石。

1. 主要使用工具

飞碟、子弹头胶碌、桃针、平铲、吊机、镊子。

2. 操作工艺步骤

飞边镶操作工艺过程，见图5-26。

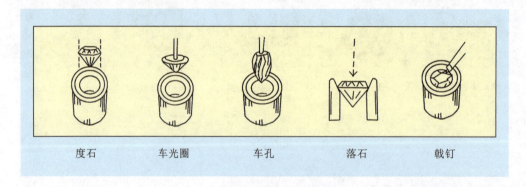

图5-26 飞边镶操作工艺过程示意图

（1）将工件固定在台塞侧。
（2）用与宝石一样大小的飞碟，在工件的镶石位车窝。
（3）用子弹头胶碌将窝位车光、车滑。
（4）用镊子沾印泥点石，将宝石放到窝位上度石，如窝位比宝石小则用挑钻针开位，使宝石边可落入镶口边。
（5）用镊子沾印泥点石，将宝石放到镶石位内，将宝石摆平。
（6）用平铲沿宝石边在窝上垂直扎下，然后向宝石旋起飞钉，使钉紧贴宝石。
（7）根据要求再起其余的钉，用以压紧宝石。

3. 飞边镶的工艺要求

（1）镶嵌前，应先仔细观察宝石的厚度、形状，再开位。

（2）需做到宝石平整、石紧，不能出现宝石斜歪、碎石等现象。

（3）窝边要平均，厚薄应一致，并且要光亮，不能刮花。

（4）钉头不能太长或太短，起钉方向应一致，钉要对称，大小一致，钉头要贴合宝石。

第四节　表面修整

一、洗火漆

首饰工件加工、镶石后，在工件上黏附有很多火漆。洗火漆就是将镶嵌后的首饰工件表面黏附的火漆清洗干净。

1. 主要使用工具

焊具一套、镊子、索嘴、钢针、小铁筛、口盅、电吹风。

2. 操作工艺要点

用火枪将火漆烧软，用镊子将工件从火漆中逐个挑出（图5-27）。将钢针装在索嘴上，用钢针将工件过多、过厚的火漆剥离。然后将工件依次放入装有天那水的口盅内，并盖好盖子。一般工件经4~5个口盅后，黏着的火漆可逐渐溶解除去（图5-28）。再将工件放入装有汽油的口盅内，清洗后取出，并用自来水冲洗干净。若为铂金工件，则将工件放入超声波清洗机清洗，然后用自来水冲洗干净（清洗机内溶液为洗洁精水溶液），最后用电吹风把工件吹干。

需要特别注意的是，在用钢针剥离火漆时，不能将工件划伤。用过的天那水溶液不可随意排放，需按规定集中处理。

图5-27　取工件

图5-28　洗火漆

二、执边

执边就是将镶石后的首饰工件表面恢复到光滑、柔顺的状态。

1. 主要使用工具

吊机、牙针、卜锉、滑锉、竹叶锉、三角锉、砂纸、砂纸棍、飞碟、砂纸推木、红色胶辘、蓝色胶辘。

2. 操作工艺要点

执边前,应首先对工件表面及镶嵌方法进行观察,根据实际情况选用锉及其他工具,并将工件粗糙面执平。然后将牙针安装在吊机上,对工件的角位、缝隙位及锉刀锉不到的部位进行修理,使这些部位光滑。角度要求高的工件再将胶辘安装在吊

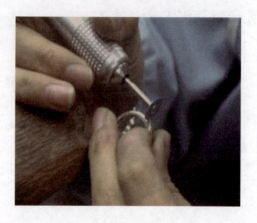

图5-29 执边

机上,车一次角位(图5-29),使角位更光滑(红色胶辘车K金工件,蓝色胶辘车铂金工件)。

用砂纸棍、砂纸飞碟、砂纸推木等工具,对工件各部位进行打磨(用400#砂纸)。若为铂金工件,再用1200#砂纸做成的砂纸工具进行打磨。

在整个执边过程中,不可破坏工件的整体外形和角度,既不能损伤工件的线条和花纹,也不能损伤、划花、搞松工件上镶嵌的宝石。

三、铲边

铲边就是将包镶、迫镶、窝镶后工件金边内侧的毛刺铲平,使其内边线条顺畅,表面光亮。

1. 主要使用工具

平铲、钢压、戒指夹、索嘴、油石等。

2. 操作工艺要点

铲边前,应仔细观察工件的形状,然后选择工具和铲边的方法,铲边所用的平铲要保持锋口锐利。

用戒指夹或手把持工件,耳环亦可将耳针插入索嘴固定。将平铲装在索嘴上,用平铲贴着金边的内侧铲边,使内边线条顺畅(图5-30)。圆形工件用钢压压内边,使金边更加光亮。

四、辘珠边

辘珠边就是在工件的指定位置经滚压形成珠状金边,起修饰工件的作用。

首先将要加工的工件上火漆,并将火漆棍固定在工作台上,根据工件金边的宽窄选择合适的辘珠凿,并将其安装在蘑菇头上,用辘珠凿对金边进行辘压。操作时,右手持蘑菇头,使珠辘压贴金边,并用左手拇指贴住辘珠凿弯曲处,然后用右手压,使珠辘沿金边滚动,在金边上留下金珠(图5-31)。辘珠边时,珠

13
表面修整视频

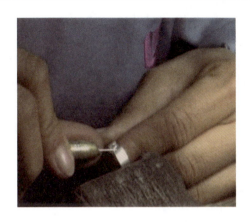
图 5-30　铲边

图 5-31　辘珠边

凿不可脱离金边,来回辘压时,要按原来的轨迹,不可发生偏离,否则辘出的珠边会报废(辘珠边的工件一般是经车磨打后才进行)。

高难度的波浪式、小圆圈式珠边、Pt900、足白成色工件珠边,用汽动辘珠凿辘珠。

第五节　蜡镶工艺

蜡镶铸造技术是20世纪90年代中期出现的一项新技术,这项技术一经出现,就引起了首饰加工行业的广泛关注和迅速推广,尤其在制作镶嵌宝石数量众多的首饰件时,蜡镶工艺已成为降低生产成本、提高生产效率、增加产品竞争力的重要途径。所谓蜡镶,就是在铸造前将宝石预先镶嵌在蜡模型中,经过制备石膏型、脱蜡、焙烧后,宝石固定在型腔的石膏壁上,当金属液浇入型腔后,金属液包裹宝石,冷却收缩后即将宝石牢牢固定在金属镶口中。蜡镶技术以传统的熔模铸造工艺为基础,但是在各生产工序中又有其特殊性和难度,给首饰加工企业带来了一定的风险,只有对蜡镶工艺有充分的认识和了解,并严格按要求进行操作,才能保证蜡镶工艺质量的稳定,真正发挥出蜡镶工艺的优势。

一、蜡镶铸造工艺的优点

(1)节省时间,提高生产效率。如迫镶梯方宝石,一个熟练的镶石员工每天只能镶80～100粒,而采用蜡镶技术,一个经过短期培训的员工即可镶嵌200～300粒。

(2)降低人工成本。传统的金镶操作,对镶石者的操作技能有相当的要求,使得首饰厂在镶石部门要投入大量技艺熟练的人力,大大增加了人工成本,尤其对低价值的首饰件,人工成本在总成本中占的比例很高,采用蜡镶工艺可以大大降低人工成本。

(3)金属的损耗减少。传统的金镶工艺,经常要修整镶口位,金属的损耗相对较大,蜡镶时则是修整蜡模,因而金属的损耗大大减少。

(4)蜡镶操作只需要简单的工具,可以大大地减少机针和吊机等打磨工具的投入和损耗成本。

（5）蜡镶铸造工艺作为一种新的镶嵌方法，为首饰设计的创新提供了工艺技术条件，有些首饰设计产品，只有通过蜡镶铸造工艺才能制造出来。

二、蜡镶铸造工艺使用的主要工具及其作用

蜡镶铸造工艺使用的主要工具及其作用，见表5-2。

表5-2　蜡镶铸造工艺使用的主要工具及其作用

工具名称	作　　用
索　嘴	①固定钢针磨平铲；②固定平铲铲坑、铲边
电烙铁	①把爪头点圆、贴石、封坑位；②修补蜡托缺损位
毛笔扫	清理镶石中的蜡粉
手术刀	①修整蜡面，使其顺滑、平整；②除去镶口的蜡粉
镊　子	夹石、点石
平　铲	①用于铲坑、铲边；②修整蜡面；③清理镶口的蜡粉；④沾印泥点石
飞　碟	嵌爪镶、倒钉镶时车握位
球　针	①嵌爪时车底金；②包镶时车坑
戒指尺	蜡镶操作结束后，将戒指套入手寸尺，检查戒指圈的圆度
油　石	用于磨平铲
缝纫针	去除尖端，磨成平铲
钢　针	画蜡坑

三、蜡镶铸造工艺流程

蜡镶铸造工艺涉及很多工序过程，每个工序都会对蜡镶工艺的效果产生影响。研究它们的影响规律，对制订出合适的工艺参数及对工序的特殊要求是十分必要的。蜡镶铸造工艺过程一般包括母版制作、开设水线、制作橡胶模、蜡模制作、配石、镶嵌准备、镶嵌宝石、执蜡、种蜡树、制作石膏型、脱蜡焙烧、浇注、铸型冷却和去除、打磨抛光等工序。

1. 母版制作

由于蜡镶时宝石要留在石膏型中，要将宝石固定在原位，防止在灌石膏浆、焙烧及铸造时产生移位或松动，则宝石至少要在两个位置得到铸型的支撑。因此，一般要在镶口底部开孔，孔尽量做大点，可以大到宝石直径的一半以上，避免铸造后在宝石底部表面覆盖金属或宝石固定不稳。

由于橡胶模压制、蜡模制作及金属铸造过程都会发生一定量的收缩，而这些收缩对镶嵌宝

石都会产生重要的影响,因此设计和制作原版时必须考虑所有的收缩因素,即橡胶模收缩、蜡模收缩和金属收缩。对紧密排列的宝石更要注意,宝石间要留出合适的间隙,使之适合蜡镶铸造。间隙过小,铸造收缩时会使宝石间相互挤压而碎裂;间隙过大,宝石间可能夹进金属或影响美观。可以按照铸造收缩率,计算出预留间隙的大小。具体大小则要根据宝石的数量和尺寸调整,为便于操作者判断,可使用各种厚度尺寸的小卡规。

为了减少宝石受金属热液冲击而产生碎裂、变色的风险,母版镶口位的厚度具有特殊的要求,如果此处的金属过多过厚,浇注时的热容量大,宝石受到的热作用也就越强,产生碎裂、变色的风险也就越大。因此,从宝石安全性的角度出发,应尽可能地减少镶口位与宝石的直接接触面积,并尽量减少镶口位的金属厚度。但是这又带来了另一个问题,即镶口的安全性,如果镶口位的金属过于纤弱,则会导致镶口结构的强度降低,使宝石松掉或脱落的机会增大。

2. 开设水线

在蜡镶中为保护宝石,一般是在比常规铸型温度更低的情况下铸造,而铸造过程中宝石会对金属液产生激冷作用。因此,设计浇注系统时要充分考虑金属液充填型腔的速度和补缩,一般采用比常规方法更大的水口或补缩浇道,这样有助于金属液的充填和补缩,避免镶石区产生欠浇铸或收缩缺陷。

开设水口时,可以考虑将水口开在镶宝石附近区域的蜡模边,对一些镶石多的饰件,可能需要多个水口,以保证对镶石区补充热的金属液。注意不要让金属液直接冲刷宝石,以免引起宝石移位。水口与蜡模接触要良好,不要在连接处缩颈,这样将会阻滞金属液顺利地充填型腔,要尽量使水口的全部截面连接到蜡模上。

3. 制作橡胶模

不同橡胶的收缩率、弹塑性、复制性能等都有区别,制作母版前先了解清楚所用橡胶模的收缩率,要尽量使用质量较好的有机橡胶。当切割橡胶模取出母版时,要尽可能多地将分型线隐藏起来,避免直接通过或接触宝石面。因为分型线会转变成披锋,与宝石直接接触可能会使宝石在铸造后产生破裂。一般可以将内侧的分型线置于镶座尖端,这样就避开了宝石;而将外部分型线设在母版的棱边,这样还可以减少清理的工作量,增加美观度。此外,切割胶模时要使蜡模容易取出,不致产生变形。在整个制作橡胶型的过程中,要保证蜡模引气合适,以减少注蜡时产生的缺陷,必要时加设一些透气槽。在橡胶模的使用过程中,要经常检查有无变形、损坏。

4. 蜡模制作

用于蜡镶铸造的蜡要有很好的形状记忆能力和将宝石咬住在镶口的能力。现在市场上有许多种蜡,是可以用来进行蜡镶铸造的,关键要注意控制生产车间内的温度。注蜡时要注意按照工艺要求,避免出现气泡、飞边、冷隔、变形等缺陷。注好的蜡模先稍微放一放,如果将宝石直接镶入刚注好的温热蜡模中,会导致蜡模的变形,且宝石镶嵌不好。镶石前先检查蜡模,看有无变形、缺陷或瑕疵等问题,并将所有的分型线和飞边清除掉。如将宝石镶在蜡模的飞边或其他缺陷上,最终浇注金属时可能会引起宝石破裂或损坏。特别要注意检查蜡模的镶口位,因为在铸造后这些地方很难清理干净。需要用热蜡笔修整蜡模时,注意不要在宝石背面产生蜡膜。一般情况下,所有蜡模应在当天用完,蜡模放过夜后会变脆,将宝石嵌入时可能会使蜡模开裂。

5. 配石

配石的方法和工作步骤与金镶相同。

6. 镶嵌准备

把宝石镶入蜡模中有两种方法。

其一,是将石头直接镶在橡胶模中,注蜡后直接得到镶好宝石的蜡模。这种方法要求在蜡版上先镶好石头,这样在橡胶模中就留出了空位。这种方法仅适合某些结构,由于存在飞边以及配合问题,因而在实际生产中用得比较少。

其二,是将宝石镶入蜡模中,这是大部分蜡镶工艺采用的方法。在镶嵌宝石之前,要认真、仔细地做好观石、摆石、铲坑、定位的工艺准备工作。

(1) 观石、观蜡模。首先要根据订单的技术要求,观察宝石的形状、规格。其次观察蜡模是否与订单、待镶嵌的宝石相符,宝石的质量、数量是否匹配。

(2) 摆石。用平铲沾印泥点石,在镶口位摆放,观看宝石是否适合镶口位的规格,爪的长度是否合适,坑位的深度是否相配,在镶嵌宝石的过程中,还需解决什么问题。

(3) 铲坑。将平铲、钢针分别安装在双头索嘴上,左手拿稳蜡模,右手用钢针根据镶口的形状,从左至右画坑(坑到蜡面的厚度为0.5mm),用平铲的角位从右至左铲坑,铲坑的深浅根据宝石的厚薄而定。多位嵌石时,坑位要对称,宝石平面要一致。

(4) 定位。定位是用待镶的宝石去衡量铲坑后的镶石位,如无缺陷可进入镶石(入石、固石)工艺过程。

7. 镶嵌宝石

镶嵌宝石有各种不同表现形式和操作方法,依据生产实践经验,主要介绍以下几种。

(1) 爪镶、倒钉镶。左手拿稳蜡模,右手用平铲(或镊子)沾印泥点石,并将宝石放到镶口度位(图5-32)。若宝石比镶口大,则用合适的飞碟车位,使镶口位与宝石大小相适合。开位时,先斜放入飞碟,然后慢慢扶正,并轻轻转动2~3次。

车位后将宝石放入,检查宝石落入坑位的高低情况,若宝石面偏高,可用球针将镶口位车低一点,或用平铲将其铲低;若宝石面偏低,则用电烙铁沾蜡将镶口位堆高。用平铲、毛扫将蜡模上的蜡粉清理干净。用平铲沾印泥点石,然后将宝石落到镶口上,并将宝石摆平、放稳。如果镶爪长了,可用剪刀剪短一些,使镶爪稍高于宝石面;如果镶爪短了,则用电烙铁点蜡将爪头点高(图5-33)。

图5-32 蜡镶度位

图5-33 点爪

爪镶中无论爪长或短,都要利用电烙铁点爪,将爪头点圆,点贴宝石。爪要直,不能歪,大小一致。镶口位底部要打穿,否则成品后,会产生宝石不透光(暗黑)现象。镶石时要尽量把宝石按厚度大小分开,并采用球针或电烙铁调整镶口位高度,确保镶石后,宝石面平整,高度合适。

(2)包镶、窝镶。左手拿稳蜡模,右手用平铲沾印泥点石,并将宝石放到镶口位上度位。若宝石大于镶口,则用合适的球针在镶口位上车位,使镶口位与宝石的大小相适合,坑位的深浅则要根据宝石的厚薄而定,一般来说,宝石镶入后,宝石面应比蜡面低0.4mm。若宝石面过低,则用电烙铁点蜡封底;宝石面过高时,可用球针将坑位再车低一点。校好镶口位后,用毛扫清理镶口位的蜡粉,再用平铲沾印泥点石落到镶口内,使宝石平稳,用电烙铁点蜡封边,使蜡贴石,并将内边铲圆顺。

(3)迫镶(圆钻、方钻、梯方)。根据宝石的形状和大小,用平铲在蜡模的镶口位开坑位,坑位到蜡面的高度约为0.5mm,注意两侧迫镶边宽度要一致,不可一边宽、一边窄,否则将会出现一边包不住宝石边,另一边遮住宝石面的情况,要注意两边坑位的高度要一致,避免宝石镶嵌后出现斜歪现象。同排镶嵌多粒宝石时,会在镶口内增设横担位以加固镶口,注意车位时不可将蜡模的担位车断,否则将失去对镶口大小的固定作用。开坑位时如一次开得过大,需用电烙铁沾蜡封回原状,然后重新开位。

坑位开好后,用镊子(平铲)沾印泥点石,将宝石的一边放入坑位内,再用平铲将宝石的另一边按下去,使宝石平稳。迫镶多粒宝石时,要特别注意控制宝石之间的间隙,具体尺寸要根据宝石大小、合金类型、铸造工艺条件等确定。如间隙留得过大,则金属饰件上的宝石也会留下较大缝隙;如间隙过小,则很可能使宝石在铸造(倒模)后产生碎裂。另外,宝石间的空隙要呈直线,切忌呈三角形。宝石镶进蜡模时,宝石边一定要落到坑位处,宝石面高度要标准一致。若宝石较松,则可用电烙铁沾蜡封边,使蜡贴石,并将内边铲顺。再用平铲、手术刀等工具对蜡面进行修整,使蜡面平滑、顺畅(图5-34)。

(4)田字迫镶。左手拿蜡模,右手用平铲沾印泥点石,将宝石放在镶口位度位,若宝石与镶口位不吻合,则要调整镶口位。当宝石比镶口大时,要根据每一粒宝石的厚薄大小,用平铲开坑位;当宝石比镶口小时,需用电烙铁沾蜡封坑位和十字底担。镶口位调整后,再将宝石落入坑位,使4粒宝石的石面相平,宝石对齐,每一粒宝石都不超过十字底担,且宝石间隙位呈正十字,内边成直角,间隙大小合适。镶嵌后蜡要贴石,十字底担要铲平,底面宽窄相宜。

图5-34 蜡镶梯方钻

8. 执蜡

镶石后,如蜡模上有缺陷,用电烙铁沾蜡修补

14 蜡镶视频

缺陷。若蜡模上有需穿孔的部位,将滴蜡针在酒精灯上加热,对蜡模的孔位进行穿孔。用手术刀、平铲、刮蜡刀、钢针等工具,将蜡模表面刮光滑,使线条、棱角顺畅,去除镶口底和夹层处的蜡屑和披锋。用毛扫沾汽油,清洗蜡模,使蜡模表面光洁。

9. 种蜡树

种蜡树时,要根据钢铃的尺寸和铸造设备类型,确定铸树的尺寸,将蜡模连接到中心主浇道时要保证有足够的角度,一般蜡模呈45°角外张较好,有助于金属液平稳进入型腔。使用热的修蜡工具,融接水口时,注意不要接触蜡模或使蜡液滴到宝石上,否则会使铸件的宝石上覆有金属。

注意在离心铸造中,当蜡树高度超过150mm时,树顶区由于金属液压力大,有时会使宝石周围产生一些金属飞边。因此,要适当控制蜡树的高度,或者在树顶的头两层种上未蜡镶的蜡模,然后在第三排才开始种蜡镶蜡模。反之,也不要将蜡模种得太靠近树底甚至接近浇口窝,此处金属液充填压力小,很可能会出现充填不完整的情况。

蜡树种好后,可以将其放入润湿剂或去静电液中浸一下,晾干后再灌浆,这样可以避免气泡黏附在蜡上,并降低蜡树上的表面张力。

10. 制作石膏型

为防止焙烧和铸造过程中宝石产生变色,需对铸粉进行特别的处理,通常是在铸粉中加入硼酸,有助于防止焙烧和铸造过程中宝石的燃烧和变色,一般100g铸粉,添加2.5~4g硼酸粉、40~42mL水。由于添加硼酸后石膏凝结速度加快,通常只有6~7min,要注意控制整个操作过程的速度,保证浆料有足够的抽真空时间,以除去粘在蜡模上的气泡,任何在镶口底或附近区域的气泡都会在铸件上形成难于除掉的金属豆,可以在浆料中加入微量的液体洗涤剂,以改善浆料的润湿性能,避免气泡陷入。此外,灌浆时应注意不能使宝石移位。

现在市场上已有专用于蜡镶铸造的铸粉供应,当使用这些铸粉时,注意按照铸粉生产商的使用建议,如水粉比、混制时间、抽真空时间、凝结时间等进行操作。灌浆后的铸型静置1.5~2h后,再进行脱蜡焙烧。

11. 脱蜡焙烧

蜡镶铸造中使用蒸汽脱蜡或干燥脱蜡都可以,关键是要在铸造前将所有蜡的残留物彻底除掉,因为碳的残留物会引起金属铸造缺陷,影响铸件质量。蒸汽脱蜡的时间应限制在1h内,时间过长容易在铸件上产生水印或损坏铸型。蒸汽脱蜡后,立即转入到焙烧炉中焙烧。

由于宝石在承受高温、热冲击和热应力时,面临出现燃烧、变色或裂纹的危险,为保护宝石,蜡镶铸造时一般采用比常规铸造时更低的焙烧温度。因而,如何制定合理的铸型焙烧制度,是蜡镶铸造工艺的关键所在。一些工厂会采用蒸汽脱蜡,对除蜡有一定的帮助。为保证焙烧效果,蜡镶铸造的铸型焙烧要注意以下几点。

(1)焙烧炉要求能精确控温,避免发生过热而引起宝石的燃烧或变色现象。

(2)要使铸型尽量均匀受热,减少宝石由于经受热冲击和热应力而出现裂纹的危险。

(3)焙烧炉内要有充分的空气对流,使蜡的残余碳能彻底烧掉。

焙烧过程中,在某些温度段设置保温平台,有助于防止宝石开裂。焙烧温度可以根据类型和宝石的质量而改变,浇注时铸型的温度也要根据材质、铸件结构等来确定。

12. 浇注

蜡镶首饰铸造可以用真空铸造方法或离心铸造方法。但是，通常真空铸造方法在蜡镶铸造中的应用更为普遍，因为它减少了因铸造过程中的紊流而使宝石移位的风险。不过，利用离心铸造也可以取得良好的结果，特别是对一些较小的工件，关键在于控制的方式。离心铸造时要注意铸树的高度和转速的选择，因为过分的金属液压力可能会导致宝石周围出现金属飞边，引起宝石开裂或增加清理难度。

由于金属液直接接触宝石，使宝石瞬间受到很大的热冲击，浇注温度越高，热冲击越大。因此，要注意控制铸树上的工件数量，并在保证成型的前提下，尽可能降低金属液的温度。用于蜡镶铸造的合金，应具有较低的熔点、较好的流动性及抗氧化性能。用于蜡镶铸造的铸造设备最好能进行精确控温，这样可使铸件具有一致稳定的质量。

13. 铸型冷却和去除

由于蜡镶铸型温度还很高时，淬入水中会使宝石受到热冲击，存在使宝石开裂的危险，因此，要在去除铸型前进行适当的冷却。依据铸型的尺寸，一般要3h或更长的时间，有时为加快冷却过程，可以用风扇吹石膏型壁，温度降低后再用油压机将石膏型从钢铃中推压出来。铸型冷却后的强度较高，特别是加了硼酸粉后铸型的强度更高了，去除时会更困难，可以用小锤敲打树底和铸型边缘，使铸件自然从铸型中脱出，再使铸型冷却到可以用手握的程度。轻敲树头，促使大部分的铸粉脱落，再用高压水清理铸件。彻底检查铸树，看是否有松石或宝石脱落现象。

14. 打磨抛光

在打磨抛光前，先仔细检查铸件上的宝石是否出现缺陷。蜡镶铸件通常使用手工抛光方法，但效率较低，对降低成本不利，特别是手工抛光难于处理到镶口底部。因此，对大批量生产的蜡镶件，尽量使用机械抛光方法，特别是磁力抛光机对手工难于达到的部位很有效，如镶座底、镶口周围区域等。使用机械抛光时，要选择合适的抛光介质，使之不会刮擦或损坏宝石，或对宝石表面造成侵蚀。如果需将铸件放入氰化物中炸色或使用电解抛光方法，要注意这些工艺会侵蚀金属，可能会使宝石从纤弱的卡爪中松脱。

四、蜡镶铸造的要求

1. 蜡镶铸造对宝石的要求

衡量蜡镶铸造工艺效果的一个重要指标，就是宝石的稳定性，蜡镶铸造后的宝石不能出现变色、开裂、碎裂等问题。由于在蜡镶铸造过程中，宝石必须承受高温焙烧和浇注时高温金属液的热冲击，因此要求宝石必须能承受相当高的温度，以及对不均匀加热和冷却有一定的承受能力。这就对宝石的类别、质量等提出了具体的要求，使用有裂隙或对温度、热冲击敏感的宝石，蜡镶铸造后，宝石可能开裂；而使用经过热处理来改变颜色的宝石时，蜡镶铸造后，可能会产生负面作用而影响宝石的外观和颜色。另外，在这个复杂的工艺过程中，影响因素非常多，任何一个因素的影响都可能使宝石开裂，或使宝石的外观改变。因此，蜡镶铸造工艺总是存在着一定风险的。

将常用的各种宝石对蜡镶工艺的适用性进行归类，大致可以将宝石分为适合和不适合蜡镶两大类。

(1) 适合蜡镶铸造的宝石。如果宝石的质量较好,而又能正确控制铸造过程的工艺参数,这类宝石蜡镶后是可以得到良好效果的。这类宝石包括钻石、红宝石、蓝宝石、石榴石、橄榄石、立方氧化锆等。

(2) 不适合蜡镶铸造的宝石。主要包括以下三种类型:①宝石内部存在裂隙、解理或大量内含物等缺陷,则宝石经受高温及热冲击后,很有可能产生开裂、碎裂等,或者因为含有夹杂物而在铸造过程中变色(牛奶色或霜色)。因此,这种质量的宝石是不适合蜡镶铸造的,比如蛋白石,其内部存在不少裂隙,其他质量不好的宝石也经常存在这些问题。②不能承受高温或在高温下会改变颜色的宝石,包括紫晶、蓝黄玉、黄晶等,它们当中尤其是一些通过人工处理来改善颜色的宝石,加热后颜色会改变或褪色,祖母绿对加热的承受能力很差,尤其是不均匀加热,因此也不宜用蜡镶铸造工艺。③在高温下会燃烧的宝石,如珍珠、琥珀、珊瑚、绿松石等,它们在高温下会燃烧,使宝石表面粗糙,内部出现轻微的云状,故不能使用蜡镶铸造工艺。

2. 蜡镶铸造对首饰合金的要求

与常规的熔模铸造工艺相比,蜡镶铸造一般降低了焙烧温度,而且为减少金属液对宝石的热冲击,浇注时应尽量采用较低的浇注温度。因此,用于蜡镶铸造的合金应具有较低的熔点、较好的流动性及抗氧化性能。常用于蜡镶铸造的首饰合金如下。

图 5-35 蜡镶钻石的18KY金合金戒指

(1) K黄色金合金。一般来说,K黄色金合金的熔点低一些,铸造性能较好,通常可以取得较好的蜡镶效果,如广泛采用的8KY、9KY、10KY、14KY、18KY合金(图5-35)。成色越高,合金的熔点越高,对蜡镶过程的工艺、设备等有相应的要求。对高成色的金合金,采用离心铸造方法比真空铸造更适合。因为真空铸造时采用的铸型温度更高,它与金属液温度组成的温度体系对宝石来说太高了,采用离心铸造方法可以降低铸型温度,降低了损坏宝石的风险。试验表明,20KY~22KY金合金也可以用于蜡镶。

(2) K白色金合金。市场对于K白金的需求量很大,如10KW、14KW、18KW,K白色金很多是镶嵌首饰,使蜡镶工艺适合这类合金的生产具有重要现实意义。但是,目前用于K白色金合金的漂白元素,主要是Ni和Pd,由于它们的熔点都较高,使得K白色金合金的铸造温度更高,凝固速度更快。因此K白色金合金进行蜡镶铸造时,不仅宝石因受到的热冲击更大一些容易出现一些问题,而且铸造金属也容易产生问题。由于蜡镶铸造降低了最高焙烧温度,使铸型内可能有蜡的残留物,合金与这些残留物反应会使铸件产生气孔。此外,在蜡镶宝石区域,由于宝石的激冷作用,易使补缩通道堵塞而容易引起铸件缩孔。另外,蜡镶铸造后,铸型要较长时间进行自然冷却,这样就延长了260~430℃之间的停留时间,对含Ni的合金会产生时效硬化作用,从而使合金的硬度会比较高。用于K白色金合金的补口种类较多、各有利弊,有些合金的熔点较低,流动性好,铸造性能和回用性较好,用于蜡镶铸造比较有利。试验表明,选用合适的铸造合金,操作时严格遵守工艺要求,是可以取得很好的蜡镶效果的(图5-36)。

(3)K红色金合金。一般情况下,尽量避免用粉红或红色K金合金进行蜡镶铸造,尤其是18K粉红或18K红。因为浇注后,铸型空冷时间长,铸件会产生有序化转变,使铸件表面产生裂纹和脆性。

(4)银合金。银合金因具有较低的熔点和较好的铸造性能,进行蜡镶铸造的效果易于得到保证,通常采用立方氧化锆(CZ)及各种廉价的合成宝石(图5-37)。蜡镶铸造银合金首饰要取得良好的效果,应尽量选用抗氧化性能较好的补口,这样可以使铸件的气孔大大降低,并减少氧化物形成的斑纹。

图5-36 蜡镶钻石铸造18KW金合金戒指

图5-37 蜡镶CZ铸造925银合金戒指

由于蜡镶铸造时降低了铸型焙烧温度,铸型中可能有未燃烧的残留物,易使合金受污染,因此生产管理时要将蜡镶铸造的回用料与常规熔模铸造的回用料分开放置。此外,由于污染物会在合金内产生积累,因此蜡镶铸造合金的废料要比常规熔模铸造废料更快地进行提纯。

五、蜡镶铸造常见问题及解决办法

蜡镶铸造技术是一项集铸造工艺学、宝石学、金属学、首饰制作工艺学、美学等多学科知识于一体的综合技术,涉及知识面广,影响因素多,任何因素的变化都可能对蜡镶铸造的效果产生影响,导致最终产品出现质量问题,甚至报废。因此,如果这个工艺过程得不到有效控制,则蜡镶铸造的成本可能比常规首饰铸造的成本还要高。表5-3列举了蜡镶铸造过程中常见的问题、产生的原因及解决方法。

表 5-3　蜡镶铸造常见问题、原因及对策分析表

常见问题	示例图片	原　因	对　策
宝石开裂或完全碎裂		①宝石的质量有问题或不适合蜡镶铸造；②母版的收缩率不对；③镶石时宝石间隙过小或互相接触；④焙烧升温速度过快；⑤浇注温度过高；⑥合金的收缩率偏大	①使用适合蜡镶铸造的质量较好的宝石；②综合考虑橡胶模、蜡模和金属的总收缩；③合理分布宝石，使之有均匀、足够的间隙；④控制焙烧升温速度；⑤金属温度适当降低；⑥选用合适的合金
铸造后宝石变色		①宝石不适合蜡镶铸造；②人工处理过的宝石；③铸型温度过高；④金属铸造温度过高	①不要使用诸如紫晶、黄晶、蓝黄玉之类的宝石；②使用未经优化处理的宝石；③降低焙烧温度和浇注时铸型温度，铸粉中添加保护剂；④降低金属铸造温度
宝石间有金属		①母版留的收缩量太大，宝石之间的间隙过大；②宝石尺寸不合适；③宝石分布不均匀；④金属温度过高	①正确选择母版的收缩量；②选用尺寸合适的宝石；③均匀分布宝石使其间隙合适；④降低浇注温度
铸造后宝石不牢固或已掉落		①母版镶口底部的预镶孔不合适；②水口不够大或位置不合适；③镶石前未检查蜡模；④宝石镶在蜡模中不牢固；⑤宝石的尺寸不合适；⑥金属浇铸温度过低	①改正母版的预镶孔；②加大水口或另开水口，提高金属充型能力；③仔细检查蜡模，尤其是预镶孔部分；④将宝石镶牢在蜡模中，注意检查宝石的牢固程度；⑤使用尺寸合适的宝石；⑥必要时适当提高金属液温度以获得完整铸件
宝石不平整		①母版质量不好，镶口位不平整；②宝石镶进蜡模时未放置平整；③蜡模变形；④宝石尺寸不规则；⑤镶石蜡模搬运、操作过程中受外力震动	①制作母版时使镶口位平整；②宝石镶进蜡模时要放置平整；③注意检查蜡模，变形的要进行矫正；④宝石尺寸要规则；⑤操作时注意不要震动蜡模

第六章 电镀工艺

首饰的电镀工艺主要包括：镀前处理、电镀和镀后处理几个环节，涉及多个生产工序。其目的是使首饰工件表面达到清洁、亮丽、光滑的效果。

第一节 镀前处理

镀前处理是指工件在电镀之前都必须根据工件材料的性质、表面状况、表面处理要求，进行仔细的表面处理准备工作。镀前处理的效果对电镀质量有着直接的影响，是保证整个电镀工艺过程获得良好效果的必要条件。在电镀前，要先对工件表面进行抛光，改善工件的表面状况，并除去表面的油渍或氧化膜，以保证获得结合良好、抗蚀性强、平滑光亮的镀层。镀层出现起泡、剥落、花斑与抗蚀差等缺陷，往往是由于镀前处理不当所造成的。

一般情况下，镀前处理可分为以下几道工序：抛光、除蜡、电解除油、表面清洗、弱侵蚀。

一、抛光工艺类型

抛光就是借助物理、化学或电化学等各种手段，使首饰金属表面获得平整、光亮的镜面效果。常用的首饰抛光工艺主要有机械抛光、炸色抛光、电解抛光、打磨抛光等方式。

（一）机械抛光

机械磨光就是利用震动抛光机、滚筒抛光机、磁力抛光机、转盘抛光机、拖拽抛光机等设备，对工件表面进行处理，可以达到粗抛、中抛的效果，部分情况下甚至可以达到精抛的效果。有关机械抛光的介绍参见本书第四章第三节的介绍。

（二）炸色抛光

炸色抛光（俗称出水）属于化学抛光范畴。所谓炸色，是指将工件放入装有化学溶液的容器中时，工件表面会产生一种剧烈的类似爆炸的化学反应。在实际生产工艺过程中，首饰是通过炸色处理除去工件表面的杂质，以增加工件表面的光泽和亮度。

炸色抛光一般安排在工件执模之后进行，目的是将掩盖在表面以下的缺陷暴露出来，以提前对其进行修补。有时也利用炸色处理倒模坯件、蜡镶黑石等。总而言之，炸色抛光可以改善首饰表面的平整度，但是不能代替打磨抛光达到镜面效果。目前，在首饰加工企业，由于环保工作的要求，已很少采用。

（三）电解抛光

电解抛光就是降低工件表面微细的粗糙度，除去上道工序中沾上的油渍，达到清洁和光亮工件表面的效果。不同的金属材料采用的电解抛光液和抛光工艺不同,此工艺用于不锈钢、铜合金首饰已较成熟,可获得较好的抛光效果。但是,对于金、银、铂金及其合金,目前采用该工艺效果一般。

1. 电解抛光的原理

在电解抛光过程中,阳极表面形成了具有高阻率的稠性黏膜,这层黏膜在表面的微观凸出部分的厚度较小,而在微观凹入处则厚度较大,因此电流分布也不是均匀的。微观凸出部分电流密度高,溶解速度快;微观凹入部分电流密度较低,溶解速度慢。溶解下来的金属离子通过黏膜的扩散,从而达到了平整和光亮的效果。

图6-1 电解抛光

2. 电解抛光的特点

电解抛光具有如下优点:它能方便地抛光形状复杂的工件,可整平机械抛光无法抛到的凹位、缝隙处,抛光后的工件表面不变形;能反映金属表面的真实情况;操作简便,抛去厚度容易控制,生产效率高。

但是,电解抛光也具有一些缺点。例如,它不能除去工件表面深划痕、深麻点等宏观的凹凸不平和工件表面的气孔;不能除去金属中含有的非金属杂质;在多相合金中,有一相不易阳极溶解就会影响抛光质量等。

3. 主要使用设备和工具

整流器、PVC槽(烧杯)、电极板、电热棒、挂具、玻璃棒等。

4. 主要材料

电解液、纯水。

5. 操作工艺要点

(1)将电解液倒入PVC槽或烧杯中,按照规定的比例加入纯水,用玻璃棒搅拌均匀。

(2)将电极板挂到PVC槽或烧杯壁,用导线连接到整流器阴极端口(图6-1)。

01 电解抛光视频(无声)

(3)将工件悬挂在挂具上,连接到整流器的阳极端口,然后将振流器开关由"OFF"向上拨至"ON"位置,开启电源闸。

(4)将工件放入电解液中,按要求设定电压和电解时间。

(5)电解时间到,将工件取出,用清水冲洗表面。

(四)打磨抛光

操作者使用打磨机、飞碟机、吊机等设备,以及配套工具,对工件表面进行抛光,除去工件表面的砂孔、锉痕等,使工件粗糙的表面变得光滑、亮泽,同时亦是检查工件有无瑕疵点的重要手段,以便进行及时有效的修补。

二、打磨抛光工艺

(一)主要使用设备和工具

打磨机、飞碟机、吊机、吸尘机等。打磨抛光使用的主要工具,详见表6-1。

表6-1 打磨配套工具及用途表

序 号	工具名称	外 观	用 途
1	小毛扫		车磨工件内圈的坑位、缝隙位
2	长毛扫		车工件表面的各种痕迹、坑位
3	短毛扫		车工件镶石后的钉位、爪位、爪头、镶石位等
4	直毛扫		白色(软型)抛光用;黑色(硬型)打磨用
5	棉拍轮		车磨工件外表面和侧面,磨掉砂纸痕、锉痕等
6	戒指棍		车戒指内圈,起光滑作用

续表6-1

序号	工具名称	外观	用途
7	小布轮		车工件内圈,使其光亮、润泽
8	黄布轮		工件经棉拍轮拍过后,再用黄布轮将其外表面车磨光滑(粗抛光)
9	白布轮		主要用于光亮工件的外圈,使其外圈亮泽(细抛光)
10	钢压		用于压平金枯、砂窿面等
11	双头索嘴		用于夹持细小工件,如耳针类
12	硬飞碟		硬性飞碟用于车磨工件平、斜面,速度快,效果好;中性和软性飞碟用于车磨工件平、斜面、弧度面(视工件表面粗糙程度选择)
13	其他辅助工具		砂纸、胶毛指套、皮垫片、棉花、布条

注:(1)使用白布轮时,根据工艺要求来决定上蜡的种类,使白布轮成为打磨用具或抛光用具。

(2)小毛扫可分为白、灰、黑三种类型,白色较软,主要用于抛光;黑色较硬,较容易打磨过度;现主要用比较适中的灰色小毛扫。

(3)毛扫的种类还有双行毛扫和四行毛扫,视缝隙位和坑位的深度与宽度选择使用。

抛光过程中,在打磨工具上涂上抛光蜡,可以增加工具的磨削性能,提高抛光的工作效率。各种抛光蜡及用途,见表6-2。

表6-2 各种抛光蜡及用途表

材料名称	特 点	用 途
绿蜡	具有很强的切削力,功效快,光泽度高,均匀,表面光泽无磨痕	可用于首饰的粗、中抛光
白蜡	有较强的切削力,去除粗抛光后留下的磨痕,功效快,光泽度可达到镜面效果	可用于首饰的粗、中、精抛光
红蜡	有一定的切削力,极少磨痕,光泽度可达到镜面效果	可用于首饰的精抛光

(二)打磨抛光的基本顺序

打磨抛光要遵循粗抛、中抛、细抛的基本顺序。

1. 粗抛光

粗抛光就是将首饰金属托架表面上的锉痕、钳痕、钻痕、毛刺以及焊接留下的黑色氧化层先行抛掉,尽量把首饰金属托架抛得平整、协调,让弧度圆滑,使线条流畅。但也不能用力过大、抛光过猛,如在首饰托架表面留下凹陷将难以恢复原貌。粗抛光是后续中抛、细抛的基础,如果达不到要求将影响后续的抛光效果,直接影响首饰的质量。粗抛光时应在毛刷和布轮上涂蜡,但一次涂抹不能太多,以免抛光蜡摩擦后发热,使蜡熔化覆盖在首饰表面上,而掩盖首饰表面存在的各种痕迹和麻点等,这样将影响首饰粗抛光的质量,并给精细抛光带来困难,甚至将导致重新粗抛。

2. 中抛光

对一些硬度较低、韧性很好的首饰金属材料,如铂金,抛光有一定难度,因为抛光时金属有滞留现象,不易抛光金属表面,只能通过多次抛光才能达到要求。对于这样的首饰,尽量进行中抛光,中抛光的方法与粗抛光基本相同,仍使用毛刷和黄布轮进行中抛光,中抛光只是使用的抛光蜡有所不同,主要采用粒度较细的白色抛光蜡。中抛光也就是按照粗抛光的方法进行操作,将首饰从头到尾重新抛光一遍。

3. 细抛光

任何首饰粗抛光之后，都必须进行细抛光，这样才能使金属首饰表面光洁度更强，细抛光是在粗、中抛光基础上进行的，使首饰表面更加平整、光滑，达到镜面反光效果。但其抛光摩擦接触面小，抛光时不仅用力要小，而且用力要均匀，必须完整地将首饰表面抛光一遍，具体方法是在细白布轮上涂上红色抛光蜡，先对首饰的正面进行抛光，然后抛光首饰侧面、角部。如是对戒指进行抛光，应先在选用的戒指绒芯棒上涂抹红蜡，对戒指内圈进行抛光，然后抛光戒指正面的花肩，最后抛光首饰的两侧和外圈。

(三) 打磨抛光工艺

1. 拍飞碟

拍飞碟是为了清除工件表面各种痕迹，减少车磨抛光的工作量，提高后续工序的生产效率。视工件情况，选择（硬性、中性、软性）飞碟，将（新）飞碟平面朝下，安装在飞碟机上，用砂石将飞碟底面的毛刺磨除，使底面平滑，无刮手感觉（用砂石处理的飞碟停放24小时后使用更佳），无上下波动感觉（图6-2）。

拍飞碟的工艺操作，关键是动作要平稳，注意力集中，动作收放自如。

拍戒指：将工件用两手握平，不能倾斜，平稳将工件放入飞碟中部，推拉2~3次（图6-3）。检查车磨效果，对尚未车透的部位，再重点车1~2次，前后车磨工件上不能留痕迹，工件车磨步骤结束时，收件的速度要稳而快。

图6-2 修磨飞碟

图6-3 拍飞碟

对辘珠边的首饰工件，拍飞碟时要特别小心，只需将执模时留下的砂纸痕清除，对于一般（较浅、小）砂窿都不飞透，防止珠边太薄被飞碟飞崩、飞除。

在拍飞碟技术中，拍戒指是基础，掌握了手势和各种动作的配合，其他类型工件的拍飞碟方法就会熟能生巧。

2. 打磨抛光

当拿到一件新的工件后，首先要做的就是仔细观察工件，看它的字印是否清晰，有无断爪，镶石是否牢固，宝石有无碎裂，宝石边有无崩塌，工件本身有无断裂。若有此类现象，应及时报告、登记或更换。

通常情况下,按照以下工序进行打磨抛光:拉线→扫底→车内圈→车毛扫→车棉拍轮→车黄布轮→车白布轮→光底(光内圈)→光布轮(K金工件可免车黄布轮)。

(1)拉线。拿到工件后,首先看一下待拉线部位的空间大小,再确定用绳的粗细,操作时按一定的顺序把每个地方都拉透,但要注意时间和力度,拉的时间不宜过长,力度不能太大,以避免拉起槽,拉变形(图6-4)。

(2)扫底。先看清被扫部位的形状,再确定扫底的工具,若此位呈方形或圆形,则应在吊机头上装上直扫来扫;若此位呈条形,则应用毛扫来扫。扫底时要注意边线、棱角,尽量使它们不要受到损伤(图6-5)。三面成角的地方,这两种工具是很难扫透的,通常是在吊机上装好针,针端裹上适当的棉花来打磨,时刻检查,直到完全打磨透。扫底通常用的工具是连柄毛扫和连柄直扫,使用之前将其用砂石磨平,毛不散开,缝隙位或坑位大且长的,要用新的连柄毛扫或连柄直扫(毛长1.2cm)车;若缝隙位或坑位小且短的,就要用毛长度在0.8cm以下的连柄毛扫或连柄直扫来车。

图6-4 拉线

图6-5 扫底

(3)车内圈。这道工序专为戒指而设,根据需要选择合适的绒芯棍,在打磨机上装好,开机检查,使戒指芯棍平稳,勿颤动(图6-6)。将抛光蜡涂抹到绒芯棍上,然后用右手的拇指、食指、中指紧抓戒指,套到转动的戒指棍上,手转动戒指并稍快地在戒指棍上左右移动。抛光时要注意绒芯棍与戒圈的接触面,保持抛光接触面约为内圈弧的1/3。抛光接触面太小,工作效率就低;接触面太大,变换抛光位很不方便,而且摩擦阻力大,难以拿稳要抛光的首饰,容易造成抛光首饰连同绒芯棒一起转动。将戒指转动打磨一周后,将戒指翻面再转动打磨一周,然后取下检查,直到透亮为止。在这一操作过程中,需要注意保持字印的完整、清晰。

图6-6 车内圈

(4)车毛扫。车毛扫主要对镶嵌首饰的台面、主石和副石的镶边、花饰等有隙的地方进行抛光,还可对首饰的反面进行打磨抛光。有车长毛扫和短毛扫之分(图6-7)。

车长毛扫:在打磨机上安置长毛扫,开机,使其平稳勿颤,打上青蜡,用左(右)手的食指和拇指抓紧戒指进行打磨。在打磨那些弯位、凹位时,要不停地变换角度去打磨,不能长时间地打磨同一地方,也不能以一个角度去打磨,以免把边车塌、镶爪车扁、钉头车尖。

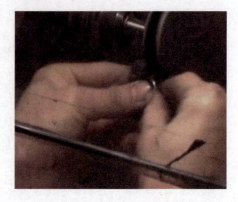

图6-7 车毛扫

车短毛扫:同长毛扫一样,在打磨机上安置短毛扫,并打上青蜡,同样用左(右)手的拇指、食指抓紧戒指进行打磨。打磨时注意力度分配,需分多方位、多角度去打磨,对于石位,要掌握好角度,用适中的力度进行撞击式的打磨,再有就是那些三面成角的部位,还要借助吊机,用针和棉花来打磨,要做到边口无崩塌,钉爪无扁、尖。

通常用的毛扫以双行毛扫为主,有一种较硬,一种较软,硬的毛扫打磨K金和白金都可以,打磨工件的效率也较快;软的毛扫只可以打磨K金工件。新的双行毛扫毛长1.2cm,主要用于打磨缝隙位较大的部位,例如,爪与爪之间的侧面;中毛扫是指毛长0.4~0.8cm的毛扫,此时的毛扫是最好用的;短毛扫是指毛长度为0.4cm以下的毛扫,主要是用于车钉、车镶口的。另外还有铁芯毛扫和四行毛扫,新的铁芯毛扫毛长约为1.5cm,用于打磨梅花镶口,因为梅花镶口之间的间距较短,缝隙位较深且窄,双行毛扫易将宝石扫松;四行毛扫主要用于打磨多爪(钉)的工件,使用车毛扫之前,必须先将其平稳地安装在打磨机上,不震动。新使用的毛扫还要用砂石将毛扫两边散开的毛磨掉,使毛集中,然后再用砂石将毛扫尖磨平,可避免扫得不平滑。

车毛扫时注意用力要适当,不能用力过大而造成首饰变形、掉爪、松爪,甚至掉石等现象,也不能抛光不到位而仍旧残留有锉痕、划痕等。

(5)车棉拍轮。将欲拍工件的面置于与棉拍轮面相平行的角度,然后靠近棉拍轮,右手抓紧工件并稍稍用力,移动工件,使拍轮能够拍到工件的面(图6-8)。注意在移动的过程中手要平稳,不能停顿,棉拍轮与工件接触的面要始终保持平行,不能相交,以避免将工件车变形。每当用新的棉拍轮前,要用砂石将其磨平,以免产生震动。

(6)车黄布轮。把拍好飞碟并且车好棉拍轮的工件,用两手抓紧,置于黄布轮下(图6-9)。新的黄布轮在使用之前,要先用铜压将其刮松,再用砂石磨平。

一般来讲,操作时尽量使首饰与抛光布轮平行,双手握紧首饰并从上而下顺着布轮移动方向。抛光务必一次均匀地将首饰全部抛完,每个部位都要抛到位。抛光手法不正确,抛光的首饰在高速飞转的抛光轮上很容易被弹脱出手,这样极容易造成宝石戒面的损坏、金属托架变形和断裂。如抛光的首饰体积细小(如胸坠、耳钉),可以准备一个金属丝制作的挂钩子,左手保持住首饰抛光,抛光时要防止跳跃式抛光和用力轻重不匀。如果出现跳跃现象,有可能是抛光轮不在轴心上,也可能抛光布轮不圆,也有可能是操作者的手法问题。

(7)车白布轮。上好布轮,开机,在布轮上打上适当的蜡,用左(右)手的拇指、食指紧抓工

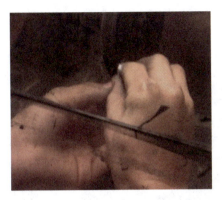
图6-8 车棉拍轮

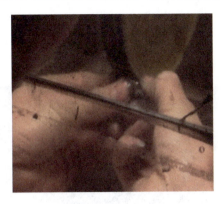
图6-9 车黄布轮

件,使打磨的工件面与布轮上的接触点呈10°左右的夹角,然后用布轮的两边均衡来打磨,若是小链则要用布轮的两个角来打磨(图6-10)。车白布轮的时候,要注意面与面相连的角、边,以及石位、钉、爪等,要使工件基本保持原样。新的白布轮在使用之前,要先用砂石将白布轮的角磨齐,再用砂石将布轮的面磨平。

(8)光底(光内圈)。车好布轮的工件,用吊机加毛扫或直扫打红粉蜡进行光底(图6-11)。光不到、光不透的地方,用吊机加针包裹棉花、上光蜡光一次,直到光透为止,最后用吊机加布轮涂光蜡光内圈,要注意在光的时候不要用力过大,以免起丝。

图6-10 车白布轮

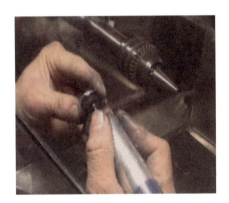
图6-11 光底

(9)光布轮。这是最后一道工序,上好布轮,涂上适量的光蜡,戴上干净的手套,像车布轮那样把工件光一遍,要把浮蜡光净,工件光亮,同时不要起丝(图6-12)。

(10)其他。打磨喷砂后或电分色后的工件,要先观察工件是否有喷砂过位或电分色过位现象,若有则要先打磨喷砂过位或电分色过位的部位,再进行精磨即可。打磨白金工件,因为白金传热快,打磨时可戴棉指套。戴棉指套前,要先将多出的棉线剪断,以免绕到打磨机的转轴上发生安全事故。一般棉指套有整只手指那么长,而实际使用时不需那么长,要将多余的部位向内折进去,再戴到手指上(图6-13)。打磨时可能会出现一些小砂窿,这时可用钢压去压一下,再车就可以了,不用去修理。拿钢压时,将钢压放在小指上,再用拇指和食指去压。

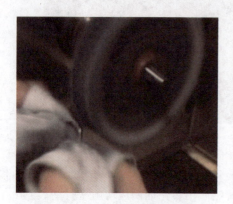

图6-12 光布轮

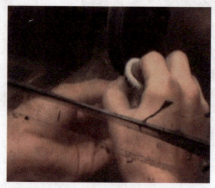

图6-13 手指套的戴法

02 打磨抛光视频（无声）

各种工件的打磨工序大同小异,应视工件的种类、加工的具体要求对工序的安排做出取舍。表6-3为打磨工艺流程表,可供生产时参考。

表6-3 打磨工艺流程表

流程\品类\步骤	戒指				链（手链、项链）				耳环				吊坠				手镯			胸针（衫针）		
	铂金	K金	银	铜	铂金	K金	银	铜	铂金	K金	银	铜	铂金	K金	银	铜	铂金	K金	银	铂金	K金	银
车底	●	◇			●	◇			●	◇			●	◇			●	●		●	●	◇
车内圈	●	●	●	●																		
车拍轮			●	●	●	◇	●	●									●					
车毛扫	●	●	●	●	●	●	●	●	●	●	●	●	●	●	●	●	●	●	●	●	●	●
车黄布轮	●	◇			●	●	●	●	●	●	●	●	●	●	●	●	●	●	●	●	●	●
车白布轮		●				●				●				●				●			●	
车光底	●	●					◇						●							●		◇
光内圈	●	●																				
抛光	●	●	●	●	●	●	●	●	●	●	●	●	●	●	●	●	●	●	●	●	●	●

●打磨要经过的流程；◇根据加工要求或款式而定

(四)打磨工件质量的基本要求和注意事项

1. 打磨工件质量的基本要求

(1)从外观上看。外表干净、光亮,无浮蜡、无拉痕、划痕、砂纸痕,无水波纹,棱角分明,线条流畅,无塌边、凹边、变形现象。

(2)戒指内圈和拉线、扫底的地方应光亮、洁净,无划痕,无砂纸点(痕),无损伤边、面的现象,所打字印应保持完整、清晰。

(3)镶石部位应无砂纸痕(点),无扁爪(钉)、尖爪(钉),石位边无崩塌、陷,无变形、松石、碎石现象。

2. 注意事项

抛光工序离不开动力,因此在操作过程中,不遵守规定程序,则会出现安全隐患,为防止安全事故的发生,操作者必须了解并做到以下几点。

(1)在日常的生产组织中,通常是二人合用一台打磨机,所以在刚上班或拆换打磨工具后,重新开机时,都必须先告知另外一人。

(2)当打磨机处于工作状态时,注意手不要碰到转轴和打磨工具。当飞碟机未完全停止时,一定不能接触飞碟轮,因为飞碟机的转速很快,飞碟边又十分锋利,存在切开所接触部位的危险。

(3)使用戒指芯棍时,禁止戴手套,以免手指连同手套缠到戒指芯棍上而碾伤手指,造成意外伤害。

(4)清扫机位时,必须先关掉打磨机,清洁箱内灯管时,必须先关闭电源。

(5)车工件时必须高度集中注意力,不要一边工作一边想着其他的事,尤其是车缝、车大缝的时候,稍不留意就会出现"打飞机"现象(指手没有抓住工件,使工件从手中脱离、飞走),"打飞机"会造成工件报废、物损、人伤的严重后果。

(6)使用吊机时,机头有缺口的方位应朝上,以免手指误碰而受伤。抓工件的手指应戴上手指套,避免高速旋转的打磨工具越位而伤及手指,同时两手在配合上的力度要适中,不能过大,否则会损坏磨打工具而发生意外。

(7)在工作时若不慎发生意外,应马上提示同座工友立即停机。

三、修理

首饰工件经过粗抛光、中抛光和细抛光三道抛光工序后,可以达到光洁如镜的程度。但有时因执模后表面过于粗糙,首饰表面仍留下较大的锉痕、擦痕等痕迹,通过抛光程序很难将其清除干净。出现这些情况时必须进行修理,首饰上的擦痕、锉痕要用砂纸重新打磨后再进行抛光。另外抛光过程中,有时会将掩盖在首饰表面下的孔洞显露出来。此时一定要先补焊,经打磨平整后才能再抛光。

1. 对小砂窿的修理

将砂窿棍安装在打磨机上,用砂窿棍将工件上的砂窿磨掉(图6-14)。用砂纸将工件打磨光滑,铂金先用400#砂纸,再用1200#砂纸打磨,K金用400#砂纸即可(图6-15)。

图6-14 打磨砂窿

图6-15 砂纸打磨

2. 对较大砂窿和金枯的修理

将牙针安装在吊机上，用牙针打磨工件的砂窿或金枯处。浸一下硼酸水，用火枪将工件砂窿或金枯处预热，并将修补用的金属粒烧熔。用镊子沾金珠后点硼砂，然后把金珠放在工件的修补处，将凹陷位补平。将修补后的工件放入装有矾水的矾煲内，并有火枪将矾水加热至沸腾，以除去工件的硼砂和其他杂质。用清水清洗、吹干。用砂窿棍将修补处磨平，再用砂纸打磨光滑。

3. 安装或焊接配件

有些首饰，如耳环、胸针的某些部件，若在执模工序装配完毕，则会给镶石、打磨工作带来不便，因此需在镶石或打磨完毕后，再经修复工序将工件的配件安装或焊接，使之成为一个整体，有利于提高生产效率和产品质量。

四、超声波除蜡

工件经过打磨后，表面和空隙位会附上打磨蜡和各种混合物。除蜡工序就是将工件上的混合物除去，起到清洁工件的作用。

1. 主要使用工具

超声波除蜡机、加热装置、喷壶、铝锅、电吹风机等。

2. 操作工艺要点

首先检查镶石工件是否存在松石或链状工件是否有脱落现象。然后将工件挂在除蜡钩上，没有镶石的工件亦可以装在筛子里，集中放入超声波清洗机除蜡（图6-16），除蜡后的工件需用清水反复冲洗干净（图6-17），接着用电吹风机吹干（图6-18）。

铂金工件和首次打磨的工件，应先放入装有除蜡水的铝煲内煮。戒指等空隙位较少的工件煮

图6-16 超声波除蜡

图 6-17 清水冲洗

图 6-18 吹干工件

5min,链状的工件由于空隙位多而窄,需煮10min左右。工件放入超声波清洗机中除蜡,调节除蜡水的温度至70~90℃,振20min左右即可取出。

第二次打磨后的工件,可直接用超声波清洗机除蜡,除蜡时间约10min(或依具体情况而定)。

五、电解除油

黏附在镀件表面的油污会将电镀液与基体隔离开,导致不上镀。轻微的油滴会扩散为油膜,同样使镀层与基体隔离,镀层因而出现起泡、起皮或剥落。为获得良好的镀层,必须对镀件进行电解除油,使其表面清洁干净,这样可使镀层与基体的结合更加牢固。

电解除油是在碱性溶液中通上直流电,把待镀的工件作为阴极或阳极,阴极上析出的氢气或阳极上析出来的氧气,对工件表面的溶液起机械搅拌作用,对工件上的油污起剥离作用,促使油污脱离工件表面,加速皂化与乳化作用的除油方法。电解除油与化学除油在溶液的配方上基本相同,但电解除油比化学除油快得多,除油效果十分明显。

1. 主要材料

碱性电解溶液 MC200。

2. 操作工艺要点

首先要调配电解液,每升纯水配 60g MC200 电解除油粉。将配好的电解液放入两个不锈钢煲内。一个保持在室温状态下,用于电解分色工件;一个加温至70℃左右,用于电解非分色工件。调整电解电压为6V,电流为20A。电源阳极连接在不锈钢煲壁上,电源阴极连接在悬挂工件的金属挂钩上,放入电解溶液内1min后,即可完成除油,取出用水冲洗(图6-19)。

图 6-19 电解除油

将冲洗后的工件浸入每升纯水配60g固体酸盐的溶液中,即刻拿出,用水冲洗。

3. 注意事项

电解工件表面时,要随时观察电流表,若出现电流过大时,应立即切断电源,检查是否有短路现象。

六、涂指甲油

首饰生产中,有时会遇到要求进行分色电镀的工件,即在同一首饰的不同部位之表层作两种或两种以上的着色处理,使之达到多种色彩的工艺效果。要达到分色电镀的目的,就离不开涂指甲油这道工序。

将指甲油倒进玻璃杯内,可加适量的天那水稀释。用小金属丝绑住工件的非电镀部位,用木夹夹住工件,用细笔在工件上的非电镀部位涂指甲油(图6-20),并使指甲油均匀地覆盖工件的非电镀部位。将涂好指甲油的工件悬挂在金属架上晾干,晾干时间为15~20min。

工件上的指甲油必须自然晾干,不能用电吹风机吹干。

图6-20 涂指甲油

七、表面清洗

表面清洗是电镀工艺不可缺少的环节,清洗质量的好坏,对于电镀工艺的稳定性和电镀产品的外观、耐蚀性等质量指标有重大的影响。这种影响来自几方面:一是经除油后的工件清洗不干净时,残留除油溶液会污染电镀液;二是水本身含有的杂质会污染电镀液;三是同一产品多镀种施镀或分色镀时,清洗不干净会造成镀液的交叉污染。当首饰表面清洗不干净时,容易造成镀层结合强度差,厚薄不均,光亮性、耐腐蚀性差,易产生锈蚀等问题。

目前,首饰清洗主要为水清洗,它是指利用水去除工件表面的附着液,大致有单级直流清洗、多级并联直流清洗、多级连续逆流清洗、间歇逆流清洗、蒸汽清洗等类型。

1. 单级直流清洗

单级直流清洗就是将工件置于水龙头下,利用水流直接冲洗(图6-21)。这种方式大多数采用"长流水",操作者认为水量越多,清洗效果越好,就把水龙头开到最大,以为这样工件就一定清洗干净了。其实,这种方式的清洗效果一般,而且浪费了大量的清洁水,同时还排出了大量的废水,污染环境,增加了电镀废水治理的负担。电镀工艺中清洗不洁引起的镀件质量问题,往往并不是水量不够,而是清洗方式不当等因素造成的,所以改变清洗方式,不仅能保证镀件的清洗质量,而且能大幅度降低耗水量,降低废水治理成本。

2. 多级并联直流清洗

多级并联直流清洗就是采用多级直流清洗槽并联组合而成,各级清洗槽液浓度不同,但进水量相等。在达到同样清洗质量的前提下,增加清洗级数可以减少清洗供水量,当清洗级数在3级以上时,随着级数的增加,供水流量的下降率却很小。因此,在实际生产操作中,多级并联直流清洗由于漂洗浓度逐渐下降,过多增加级数并不经济,而且级数越多,劳动强度越大,一般采用3级较合适。

图6-21 单级直流清洗

3. 多级连续逆流清洗

多级连续逆流清洗就是由多级清洗槽串联组成,在末级清洗槽内连续进水,从第一级清洗槽内连续排水,其水流方向与镀件清洗方向相反,各级清洗槽液浓度不同(图6-22)。随着镀件越洗越净,清洗槽液浓度也越来越高。在相同级数清洗槽的情况下,连续逆流清洗的供水量只有多级并联直流清洗的几分之一,与第一级清洗槽排出水的浓度相当。

4. 间歇逆流清洗

间歇逆流清洗与连续逆流清洗不同,这种清洗方式的末级槽不是连续进水,而是间歇进水。当末级清洗槽达到控制浓度后,整槽或部分回收第一级清洗液,其他各级按镀件运动相反方向换水,末槽补充新水。以3级清洗为例,间歇逆流清洗供水量是连续逆流清洗水量的55%左右,而且第一槽的浓度也是前者高。

图6-22 多级连续逆流清洗

5. 蒸汽清洗

蒸汽清洗就是利用蒸汽清洗机产生的高温高压饱和蒸汽,清洗工件表面的油渍污物,并将其汽化蒸发的一种清洗方式(图6-23)。它还可以清洗任何细小的间隙和孔洞,剥离并去除油渍和残留物,达到高效、节水、洁净、干燥、低成本的要求。蒸汽清洗是首饰缝隙清洗的一种非常有效的手段,一般用在水清洗之后。

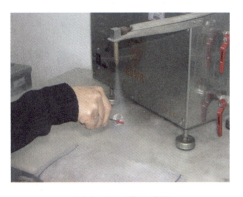

图6-23 蒸汽清洗

八、弱浸蚀

在打磨、抛光、清洗过程中,金属难免发生氧化,在首饰表面形成氧化薄层,对电镀沉积过程产生阻碍作用。因此,必须通过弱浸蚀将其除去,使工件呈现出基体金属的晶体结构,才能保证镀层与基体金属之间,或镀层与镀层之间的结合力。一般弱浸蚀采用5%的稀硫酸,浸1min左右即可(图6-24)。

图6-24 弱浸蚀

第二节 电 镀

首饰产品十分注重表面装饰效果,依靠金属基体本身,通常不能满足装饰性、耐蚀性等方面的要求,需要借助各种手段,对其表面进行改性处理。首饰表面处理技术的种类较多,其中,电镀是最传统、也是应用最广泛的一种。

一、电镀技术简介

1. 电镀基本原理

电镀就是利用电化学方法,在镀件表面沉积形成金属和合金镀层的工艺方法,其过程是镀液中的金属离子在外电场的作用下,经电极反应还原成金属原子,并在阴极上进行金属沉积的过程。由于电沉积在镀件表面形成的金属或合金镀层的化学成分和组织结构不同于基体材料,不仅改变了镀件的外观,也使镀件表面获得所需的物理化学性能或力学性能,达到表面改性的目的。

2. 首饰电镀的基本质量要求

(1)镀层与基体材料结合牢固、附着力好。镀层与基体,包括镀层与镀层之间,应有牢固的附着力,并达到一定的结合强度。

(2)镀层光亮完整、结晶细致紧密、孔隙率小,能有效地阻挡外界介质的腐蚀。

(3)具有符合相关标准规定的镀层厚度,而且镀层分布要均匀。

首饰行业中,常见的表面装饰镀种有镀纯金、镀K金、镀银、镀铑等,依据产品的特点,有时需要采用镀镍或镀铜作为底镀层。

二、光亮镀镍

光亮镍是首饰电镀中应用较多的镀种,它以瓦特镍为基础,加入添加剂而获得光亮整平的镍镀层。

1. 光亮镀镍原理

阴极:$Ni^{2+} + 2e = Ni$

阴极副反应:$2H^+ + e = H_2$

阳极(采用可溶性阳极):$Ni - 2e = Ni^{2+}$

阳极副反应:$2H_2O - 4e = 4H^+ + O_2$

2. 光亮镀镍工艺

光亮镀镍工艺示例,见表6-4。

表6-4 光亮镀镍工艺

镀液组成及工艺条件	工艺1	工艺2
硫酸镍($NiSO_4 \cdot 7H_2O$)(g/L)	250~300	250~320
氯化镍($NiCl_2 \cdot 6H_2O$)(g/L)	40~60	50~60
硼酸(H_3BO_3)(g/L)	40~50	40~50
糖精($C_6H_5COSO_2NH$)(g/L)	0.5~1	
1,4—丁炔二醇($C_4H_6O_2$)(g/L)	0.3~0.5	
十二烷基硫酸钠($C_{12}H_{25}SO_4Na$)(g/L)	0.05~0.2	
添加剂(mL/L)		适量
pH值	3.8~4.4	3.8~4.5
温度(℃)	50~55	50~65
阴极电流密度(A/dm^2)	2~5	1~10

3. 镀液组成及工艺条件

(1)镍。镍离子的来源可以是硫酸镍、氯化镍、氨基磺酸镍等,镍离子是镀液的主要成分,一般含52~70g/L。镍离子浓度高,允许电流密度提高,并提高沉积速度,但浓度过高时,镀液分散能力降低,会导致低电流区无镀层;而若镍离子浓度太低,沉积速度会降低,严重时高电流区烧焦。

(2)缓冲剂。硼酸是镀镍溶液中最好的缓冲剂,它还可以提高阴极极化,提高溶液导电性,改善镀层的力学性能。

(3)润湿剂。电镀过程中阴极会析出氢气,润湿剂可降低镀液的表面张力,增加镀液对镀件表面的润湿作用,使电镀过程中产生的氢气泡难以滞留在阴极表面,从而防止产生针孔麻点。润湿剂由表面活性剂组成,分高泡润湿剂和低泡润湿剂,高泡润湿剂如十二烷基硫酸钠,低泡润湿剂如二乙基己基硫酸钠。

(4)光亮剂。包括初级光亮剂、次级光亮剂和辅助光亮剂。初级光亮剂的主要作用是使晶粒细化,降低镀液对金属杂质的敏感性。糖精是典型的初级光亮剂。次级光亮剂的作用是使镀层产生明显的光泽,但它同时会带来镀层的应力和脆性及对杂质的敏感性,须严格控制用量,与初级光亮剂配合,可产生全光亮的镀层。1,4-丁炔二醇是典型的次级光亮剂。辅助光亮剂对镀层光亮起辅助作用,对改善镀层的覆盖能力、降低镀液对金属杂质的敏感性有利。

4. 工艺条件的影响因素

(1)pH值。对镍的沉积及镀层力学性能有较大影响。pH值升高,阴极电流效率提高,镀液的分散能力好,但pH值太高会导致阴极附近出现碱式镍盐的沉积,使镀层产生夹杂物,导致镀层粗糙、毛刺和脆性;而若pH值太低,阴极电流效率会降低,易产生针孔、低电流区无镀层等,需严格控制。

(2)温度。提高温度可降低镀层应力,提高镀液中离子的迁移速度,可以改善镀液的导电性,从而改善镀液的分散能力,扩大电流密度范围。

(3)电流密度。与镀液组成、pH值、工作温度和添加剂的类型等有关。正常工作时,随着电流密度升高,电流效率也提高。

(4)搅拌。可防止浓差极化,使镀液沉积速度稳定,允许使用较高的电流密度,可采用空气搅拌、阴极移动或连续过滤。

(5)过滤。应采用连续过滤,使镀液保持清澈,过滤机可以是滤芯式或滤袋式,过滤速度2~8次/h,过滤精度5~10μm。

(6)阳极。采用镍板或镍球,作为可溶性阳极,对其材料成分和结构要求严格。

三、电镀金及其合金

黄金呈绚丽的亮黄色,具有极高的化学稳定性,不被盐酸、硫酸、硝酸、氢氟酸或碱腐蚀,在首饰行业应用广泛。

镀金按纯度可分为镀纯金和镀K金,纯金的含金量在99.9%以上,K金常用的有22K、18K、14K等。按镀层厚度又可分为镀薄金和镀厚金。薄金层厚度在0.5μm或以下,可直接镀在金属基体上。镀厚金一般先镀镍作为底层,其亮度和整平情况对改善镀金层亮度有明显作用。

过去相当长时间内,电镀金主要采用以氰化物为基础的镀液,随着环保要求的提高,自20世纪60年代以来,出现了酸性镀纯金、酸性镀硬金、中性镀金和非氰镀金。当前,镀金溶液可分为碱性氰化物、酸性微氰、中性微氰和非氰化物4种。

(一)氰化物镀金

1. 氰化镀金原理

氰化物镀金液中,主盐是氰化金钾$[KAu(CN)_4]$,在溶液中,含氰络离子$Au(CN)_2^-$在阴极上放电,生成金镀层。

阴极反应：$[Au(CN)_2]^- + e = Au + 2CN^-$

阴极副反应：$2H^+ + 2e = H_2$

阳极反应(用可溶性阳极)：$Au + 2CN^- - e = [Au(CN)]^{2-}$

用不溶性阳极时：$2H_2O - 4e = 4H^+ + O_2$

2. 氰化物镀金工艺

典型氰化物镀金工艺,见表6-5。

表6-5 氰化物镀金工艺示例

镀液组成及工艺条件	工艺1	工艺2	工艺3
氰化金钾(g/L)	3.5	5~16	2
氰化钾(g/L)	18	30	8
磷酸氢二钠(g/L)			16
磷酸氢二钾(g/L)		30	
碳酸钾(g/L)		30	
硫代硫酸钠(g/L)	20		
pH值	10~11	12	12
温度(℃)	50~60	60~65	60~70
阴极电流密度(A/dm²)	1~3	0.1~0.5	0.3~0.5

3. 镀液中各成分的作用

(1)氰化金钾。氰化金钾是镀液中的主盐,镀层中金的来源。若金含量太低,镀层会发红、粗糙。氰化金钾的质量很重要,使用时要注意选择。氰化金钾先要溶于去离子水中,再加入镀液。

(2)氰化钾(氰化钠)。氰化钾(氰化钠)是络合剂,能使镀液稳定,电极过程正常进行。若含量过低,镀液会不稳定,镀层粗糙,色泽不好。

(3)磷酸盐。磷酸盐是缓冲剂,使镀液稳定,改善镀层光泽。

(4)碳酸盐。碳酸盐是导电盐,可提高镀液导电率,改善镀液分散能力。

4. 镀液使用与维护

(1)金的浓度控制着沉积速度以及镀层的色泽和亮度。可采用99.99%的纯金板作阳极,也可采用白金钛网作不溶性金阳极,根据分析结果及时补充金盐。

(2)pH值可用KOH和H_3PO_4调整。

(3)氰化镀金液允许使用的阴极电流密度较低,当镀层出现暗红色时,应适当降低阴极电流密度或提高溶液温度,以免其他金属杂质析出。

(4)氰化镀液应避免铜、银、砷、铅等杂质带入,以免杂质含量过高时影响镀层的外观和结构。

5. 常见的氰化镀金问题

氰化镀金生产中经常会遇到各种问题,常见的问题、可能原因及解决对策,见表6-6。

表6-6 常见的氰化镀金问题

镀层问题	可能原因	解决方法
镀层粗糙	①含金量过高;②阴极电流密度过高;③温度过高;④碳酸盐含量过高	①添加氰化钾;②降低阴极电流密度;③降温;④用$Ba(CN)_2$除去碳酸根
镀层发红	①金含量过高;②温度过高;③阴极电流密度过低;④铜杂质含量高;⑤pH值过高	①添加氰化钾;②降温;③提高阴极电流密度;④回收金,更换镀液(或用于镀微红金工件);⑤用调酸液调整pH值
镀层色泽减淡	①含金量太低;②阴极电流密度过低;③pH值过低	①添加氰化金钾;②提高阴极电流密度;③用KOH调整
镀层呈褐色	①氰化钾过低;②溶液中含钠	①添加氰化钾;②回收金,更换镀液
镀层呈微绿色	①溶液中含银	①回收金,更换镀液;②镀微绿色镀层工件
镀层发暗(朦)	①电流密度过高;②补充剂不够	①调整电流密度;②添加补充剂

(二)低氰或微氰镀金

微氰镀金液中除氰化金钾外,不含游离氰化物,pH值6~7,镀液中含有机羧酸、磷酸盐和碱金属的盐类,还可加入光亮剂或明胶、硫酸联氨、烷基化胺等有机物,可得到致密光亮的金镀层。

微氰镀金液按pH值大小,可分为中性镀金液和酸性镀金液。

1. 中性微氰镀金

中性微氰镀液pH值6~7,镀层具有柠檬黄的色调。加入合金元素Ni、Cu、Cd等可镀金合金。调节金浓度和碱液成分,可以镀薄金和厚金。中性微氰镀金工艺,见表6-7。

表6-7 中性微氰镀金工艺示例

镀液组成及工艺条件	工艺1	工艺2	工艺3
金(以氯化金钾形式)(g/L)		20	6~8
氰化金钾(g/L)	12		
磷酸氢二钠(g/L)	82	40	25~35
磷酸二氢钾(g/L)	70	10	
pH值	6~6.5	6.5~10.5	6.5~7.5
温度(℃)	60	60~70	40~50
阴极电流密度(A/dm^2)	0.1~0.3	0.1~0.6	0.2~0.4

2. 酸性微氰镀金

酸性微氰镀金具有镀层光亮、均匀、细致,色调黄中带红等特点。

(1)镀金工艺。几种酸性微氰镀金工艺,见表6-8。

表6-8 几种酸性微氰镀金工艺

镀液组成及工艺条件	工艺1	工艺2	工艺3	工艺4
氰化金钾(g/L)	12~14	8~20	30	10
柠檬酸(g/L)	16~48		18~20	
柠檬酸铵(g/L)				100
柠檬酸钾(g/L)	30~40	100~140	28~30	
酒石酸锑钾(g/L)		0.8~1.5		0.05~0.3
EDTA(mL/L)		2~4		
pH值	4.8~5.1	3~4.5	5.2~6.0	5.2~5.8
温度(℃)	50~60	12~35	60~65	30~40
阴极电流密度(A/dm²)	0.1~0.3	0.5~1	0.3~0.5	0.2~0.5

(2)镀液中各成分的作用。

氰化金钾:作为镀液的主盐,含量足够可镀出光亮的、结晶细致的金镀层。含量不足,电流密度范围窄,镀层呈红色,粗糙,孔隙率高。

柠檬酸盐:具有络合、缔合和缓冲作用。浓度过高,电流效率下降,镀液易老化;浓度过低镀液分散能力差。

磷酸盐:缓冲剂,可提高镀液的稳定性,并改善镀层光泽。

(3)镀液工作条件对外观和性能的影响。

温度:升高温度,可提高电流密度上限,提高沉积速度,镀层中金含量升高,合金含量降低,镀层内应力降低,硬度降低。但温度过高,镀层色泽不均匀,镀层易发红且粗糙;温度太低,镀层不亮。

电流密度:随着电流密度升高,镀层中金含量降低,合金含量降低,镀层内应力升高,硬度升高。电流密度太高导致镀层粗糙、孔隙率高,易有杂质金属共沉积;电流密度太低,镀层不亮,电流效率低。

搅拌和过滤:有利于消除浓差极化,保证镀液清洁,提高沉积速度和镀层质量。

(三)无氰镀金

20世纪60年代以来,无氰镀金用于生产,有亚硫酸盐、硫代硫酸盐、卤化物、硫代苹果酸等镀液,但研究最多并应用广泛的是以$[Au(SO_3)_2]^-$为络阴离子的亚硫酸盐镀液。

亚硫酸盐镀液的特点是:对环境友好;镀液有良好的分散能力和覆盖能力,镀层有良好的整平性和延展性(延伸率可达70%~90%),可达镜面光泽,镀层纯度高;沉积速度快,孔隙少;

镀层与镍、铜、银等金属的结合力好。但是,亚硫酸盐镀金液的稳定性差,容易发生金的析出而恶化镀层质量,甚至使整缸镀液报废。

1. 亚硫酸盐镀金原理

阴极反应：$[Au(SO_3)_2]^{3-} + e = Au + 2SO_3^{2-}$

阴极副反应：$2H^+ + 2e = H_2$

阳极反应：$2H_2O - 4e = 4H^+ + O_2$

2. 亚硫酸盐镀金工艺

几种亚硫酸盐镀金工艺,见表6-9。

表6-9 几种亚硫酸盐镀金工艺

镀液组成及工艺条件	工艺1	工艺2	工艺3
金(以$AuCl_3$形式)(g/L)	5~25		8~12
金(以$NaAu[SO_3]_2$形式)(g/L)		10~25	
金(以$NH_4Au[SO_3]_2$形式)(g/L)			30~80
亚硫酸铵(g/L)	200~300		
柠檬酸钾(g/L)	100~150		
亚硫酸钠(g/L)		80~140	
HEDP(mL/L)		25~65	
ATMP(mL/L)		60~90	
pH值	8.5~9.5	10~13	7.7~8.3
温度(℃)	45~65	25~40	60~70
阴极电流密度(A/dm²)	0.1~0.8	0.1~0.4	0.1~0.8

3. 镀液使用要点

(1)主盐是以$AuCl_3$、亚硫酸金钠(钾、铵)形式提供。金浓度过低会导致沉积速度过低,一般维持金浓度为10g/L,金的补充可直接加入已溶解于(pH=9)水的亚硫酸金盐(钾、钠、铵),但亚硫酸金铵(钾)易潮解,需注意保存,防止变质。

(2)亚硫酸钠(钾、铵)是络合剂,游离的亚硫酸根遇到空气会被氧化成硫酸根,故需经常补充。亚硫酸盐浓度过低,镀层粗糙、发暗;亚硫酸盐浓度过高,电流效率降低,阴极易析出氢。

(3)温度升高有利于扩大电流密度范围,提高沉积速度。温度太高,镀液稳定性降低。当亚硫酸盐过热会分解析出S^{2-},并与Au^+生成黑色硫化金(Au_2S_3)沉淀。

$2SO_3^{2-} \longrightarrow SO_4^{2-} + O_2 + S^{2-}$

$2Au^{3+} + 3S^{2-} \longrightarrow Au_2S_3$

镀槽液加热最好使用水浴间接加温,以防止局部过热导致镀液变浊。

(4)亚硫酸盐镀金时,pH值对镀液稳定性影响很大,生产中要尽量维持pH值的稳定。如pH值低于某个值,$Au(SO_3)_2^{3-}$就会分解,产生Au和SO_4^{2-},镀液将出现混浊,这时可用氨水或氢氧化钾调整。当pH值过高时,镀层可能呈暗褐色,应立即加柠檬酸调整。柠檬酸钾是辅助络合剂,又是缓冲剂,可使镀液pH值稳定,并可提高镀镍底层与金的结合力。

(四)电镀金合金

在镀金液中加入不同的合金元素,可以产生不同色调的金合金。如:加入Ni可得到略带白色的金黄色,加入Cu或Cd可得到玫瑰金色,加入Ag可得到淡绿色的金镀层。控制镀液中合金元素的浓度和工作条件,几乎可得到各种色调的金镀层。

常见的电镀金合金有:Au－Co、Au－Ni、Au－Ag、Au－Cu、Au－Cu－Cd等,多以氰化镀液为主,其中以Au－Ag(16K)、Au－Cu－Cd(18K)应用较多。几种金合金氰化镀液,见表6－10。

表6－10 金合金电镀工艺示例

镀液组成及工艺条件	工艺1	工艺2	工艺3
氰化金钾(g/L)	2	3	2
氰化钾(g/L)	8	8	4
磷酸氢二钠(g/L)	16	16	16
氰化镍钾(g/L)	1.3		1
氰化铜钾(g/L)	0.5		3.5
氰化银钾(g/L)		0.5	0.5
温度(℃)	60	60	66
阴极电流密度(A/dm^2)	0.3	0.1	0.3～0.5

三、电镀银

从1840年第一个镀银专利问世到现在,氰化物镀银已有170多年的历史。氰化物镀银层结晶细致,镀液分散能力强,镀银稳定性好,便于维护和操作。但氰化物有剧毒,不利于环保和操作人员的健康。

非氰化物镀银一直是人们研究的课题。20世纪70年代以来,出现了无氰镀银工艺,并已少量用于生产,如NS镀银、烟酸镀银、咪唑－磺基水杨酸镀银、硫代硫酸盐镀银、亚硫酸盐镀银、硫氰酸盐镀银等,有些工艺现在依然在使用。但与氰化镀银相比,无氰镀银有不足之处,还不够成熟,20年来,无氰镀银工艺在工业生产的普及方面进展不大,氰化物镀银一直居主导地位。

1. 氰化镀银电极反应

阴极:$Ag(CN)_2^- + e = Ag + 2CN^-$

副反应:$2H_2O + 2e = H_2 + 2OH^-$

用可溶性银阳极:$Ag + 2CN^- = Ag(CN)_2^- + e$

用不溶性阳极:$4OH^- = 2H_2O + O_2 + 4e$

2. 氰化镀银工艺

几种氰化镀银工艺,见表6-11。

表6-11 氰化镀银工艺示例

镀液组成及工艺条件	工艺1	工艺2	工艺3
氰化银钾(g/L)	35~70	1~2	55
氰化钾(g/L)	90~150	80~120	135
碳酸钾(g/L)			10
氢氧化钾(g/L)	5~10		
光亮剂(g/L)	15~30		
温度(℃)	20~40	18~30	15~25
阴极电流密度(A/dm^2)	0.5~4	0.6~1.5	0.6~1.2

3. 镀液中主要成分的作用

(1)银。是镀液的主盐,在镀液中以银氰络离子形式存在。银的来源可能有AgCl、AgCN、KAg(CN)$_2$,但是AgNO$_3$和AgCl最好能转化为AgCN或KAg(CN)$_2$后再加入镀液。镀液中Ag应维持在20~40g/L,银浓度太高,镀层结晶粗糙,色泽发黄;银浓度太低,电流密度范围太窄,沉积速度降低。

(2)氰化钾。是络合剂,除与Ag络合外,一定量的游离氰化钾,对镀液的稳定、阳极正常溶解有利,对镀液分散能力有利。一般工艺中的数据多指游离KCN,它的浓度太高,镀液沉积速度缓慢;浓度太低,镀层易发黄,银阳极易钝化,沉积速度缓慢。

(3)碳酸钾。可提高镀液的导电能力,有助于镀液的分散能力和改善镀层的亮度。氰化镀银是碱性镀液,长时间放置,空气中的CO$_2$会溶解在其中,生成碳酸钾,当碳酸钾的浓度累积超过110g/L时,将导致阳极钝化,镀层粗糙。

(4)光亮剂。加入光亮剂可以得到全光亮的镀层,并扩大电流密度范围。金属类光亮剂,如锑、硒、碲、钴、镍等,可以改善镀层光亮度并提高硬度,但对于装饰性镀层,对镀层的色泽(白度和亮度)要求特别高时,不适合用含有金属的添加剂。非金属光亮剂多含硫,可以得到色泽洁白的银镀层,但是寿命不够长,加入镀液中如果不及时使用会分解。

4. 工艺条件的影响

(1)温度。光亮氰化镀银工作温度以20~30℃为宜。低于20℃沉积速度太慢,添加剂也不能充分发挥作用,应给镀层升温;高于30℃添加剂消耗过多,镀层易粗糙。

(2)电流密度。最佳电流密度范围与Ag的浓度、游离KCN浓度和光亮剂品种有关,电流密度太低,沉积速度太慢,镀层光泽会受影响;电流密度太高,镀层粗糙,甚至呈海绵状。

(3)过滤与搅拌。为了得到结晶细致、色泽洁白的银镀层,连续过滤镀液和阴极移动是不可缺少的。由于过滤改善了镀液的清洁程度,阴极移动有利于消除浓差极化,有可能在比较大的电流密度下,得到优质镀层。

四、镀铑

铑是铂族金属,外观呈银白色,有光泽,反光性能很好,对可见光的反射在80%以上,其抗蚀性能非常好,在大气中不受硫化物及二氧化碳等腐蚀性气体影响,对酸、碱均有较高的稳定性。铑镀层的硬度极高,耐磨性能很好。装饰性镀铑层,白色中略带青蓝色调,光泽亮丽、耐磨、硬度高,是最高档的装饰镀层。

铑镀层厚度一般为 0.05~0.25μm,0.5μm 以上为厚镀层。镀铑溶液有硫酸盐、磷酸盐或氨基磺酸盐等,以硫酸盐型应用最多。铑镀液易维护,电流效率高,沉积速度快,适合于首饰表面处理。

1. 硫酸盐镀铑电极反应

阴极反应:$Rh^{2+} + 2e \longrightarrow Rh$

阴极副反应:$2H^+ + 2e \longrightarrow H_2\uparrow$

阳极反应:$4OH^- - 4e \longrightarrow 2H_2O + O_2\uparrow$

2. 硫酸盐镀铑工艺

首饰镀铑一般采用硫酸铑原液、纯水、硫酸,直接勾兑到所需浓度,其典型工艺条件,见表6-12。

表6-12 硫酸盐镀铑工艺

名 称	操作范围
铑浓度(g/L)	1.6~2.2
硫酸浓度(g/L)	27~33
镀液温度(℃)	25~45
电流密度(A/dm²)	0.5~3
电 压(V)	2.5~3
镀液搅动速度(cm/s)	1~10
沉积速度(μm/min,在电流密度为1A/dm2时)	0.04

3. 镀液成分和工艺条件的影响

(1)铑含量的影响。在一定温度和电流密度情况下,镀铑溶液中铑的浓度在1.0~4.0g/L之间都可以得到较好的镀铑层。随着铑含量降低,其电流效率也降低,从而影响镀层,使镀层变暗,甚至呈黑色。因此,电镀过程中要不断地补充镀铑液,维持一定的铑含量。

(2)硫酸含量的影响。硫酸的加入能增加镀液的导电性和酸度,起稳定镀液的作用。但含量太高时,如工件不带电入槽,会有很强的腐蚀性,另外会使镀层内应力增大,镀层易出现裂纹;硫酸含量过低时,镀层色泽变暗,所以应控制一定的硫酸(或磷酸)含量。

(3)添加剂的影响。添加剂可改变电沉积金属的动力学性质、沉积层和电解液的性质。如降低镀层内应力,防止裂纹产生;提高镀层的抗腐蚀能力;使镀层结晶细致、平滑、光亮以及维持电解液的稳定等。一般可分为无机添加剂和有机添加剂两类。

(4)温度的影响。当其他参数一定时,适当提高温度,可以降低镀层的内应力,并提高电流效率。通常在温度为25~45℃之间时电镀,此时,可以防止溶液过多地被蒸发,逸出大量夹带硫酸的雾气,恶化操作条件,又不会因温度过低,造成镀层不光亮。

(5)电流密度的影响。电流密度对镀层质量影响较大。电流密度过小,镀层色泽较暗;电流密度过高,电流效率下降,阴极逸出的气泡较多,镀件边缘处镀层易脆裂。

(6)其他因素的影响。镀液要认真维护,防止氯离子和重金属杂质的污染。

4. 首饰镀铑操作工艺要点

首饰镀铑常采用烧杯,其操作工艺如下。

按技术操作条件指标要求配制电镀液,将配好的电镀液放入两个玻璃烧杯内:一个用于电镀分色工件;另一个用于电镀非分色工件。把电源正极连接在烧杯中的钛网上,调节电压值为2.5~3V,电流1A,电源负极连接在工件的水线上,将工件带电入缸工作(图6-25)。

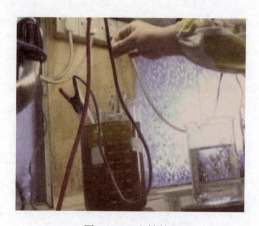

图6-25 电镀铑

随时观察电压是否稳定在规定的范围内,否则调节电压。在控制电镀工作过程中,主要是控制电流,电流密度由工件的外表面积决定,最好能将工件控制到最佳电流密度值附近。工件入缸后操作时,用手抓住电源负极线和水线的连接处,并小幅度上下移动或旋转。1min后取出工件(分色工件工作时间1~1.5min;非分色工件工作时间45s~2.5min,视工件规格或特征而定)。将工件放入金水回收杯中浸泡片刻后,用水冲洗,再用加热至80℃的纯水浸洗一次,再放入超声波清洗器中清洗片刻。打开水线,将清洗后的工件对准蒸汽冲洗机喷嘴,脚踏开关,用蒸汽对工件进行冲刷清洗。

在生产操作中,阳极钛网的长、宽应适宜。一般阳极与阴极的面积比为2∶1。在电镀前要按技术要求(或定期化验)按时添加白金水,不同的电镀液,操作工艺条件有所区别,一般铑的浓度在1.6~2.2g/L之间,可以获得较优质的镀层,若电镀液中铑含量过低,如铑的含量低于1g/L,则镀层颜色发红、发暗且孔隙增加。

电镀难度大的工件部位,绑水线时接近其难度部位,电镀的效果会改善很多。电镀时间不宜过长,太长时间会导致电金层发暗(朦)、灰。电流要控制在规定的范围内,电流如过大,也会导致电镀层表面出现暗(朦)、灰现象。用水线挂工件时,不能太密,以防止镀层厚薄不均匀,有些部位发黄。对于凹位深,难以电镀的工件采用间歇式电流,电镀十几秒后关闭电源,抖动工件,使电镀液得到充分对流交换。有些部位发黄,主要是除蜡、除油不彻底,应解两次油;其次是砂窿太多,应该修理后再电镀。白金作为底材的工件,电镀铑的时间应短一点,防止镀层太厚而脱层。

5. 镀铑常见问题及解决方法

镀铑常见的问题、原因及对策,见表6-13。

表6-13 电镀铑层常见问题及对策分析表

镀层问题	可能原因	解决方法
镀层有黄且发白	①阴极电流密度过大;②阳极电流密度过大;③温度过低;④挂具接触不良;⑤氨基磺酸过高	①降低电流密度;②增大阳极面积;③升高温度;④检查挂具或更换;⑤活性炭处理后调整
镀层粗糙、细粒分布	①阴极电流密度过低;②底金属不良;③添加剂或络合剂少;④温度过高;⑤主盐的浓度高	①增大电流密度;②提高底金属质量;③添加调整;④降温;⑤稀释调整
镀层无光,出现白雾	①铑的含量低;②温度过低	①补充金水;②升高温度
镀层泛黄	①阴极电流密度低;②铑含量低;③镀层太薄;④镀层清洗不彻底	①提高电流密度;②补充金水;③适当增厚;④加强镀后清洗
镀层结合力差	①基体钝化;②前处理不良;③镀液杂质多	①加强活化措施;②加强前处理;③回收铑液、配置新液

第三节 镀后处理

一、除油

电镀完毕,需将工件上起覆盖作用的指甲油层通过化学溶剂的作用溶解去除,恢复工件的原貌。

1. 主要使用工具

不锈钢锅、电吹风机。

2. 操作工艺要点

将丙酮分别放入4个不锈钢锅中(容器大小可根据产量大小选择,图6-26),把准备除胶、油的工件挂在电镀钩架上,放入第一个装有丙酮的锅内浸泡,约1h后,拿出工件,检查胶或油是否溶解,若仍有胶或油残留,则继续浸泡,如基本溶解,可将工件取出,盖好锅盖。将取出的工件放入第二个锅中,继续浸泡30min,使附在工件上少量的胶或油溶解于丙酮中。依此方法放入第三、第四个锅中,直到工件上的胶或油完全溶解为止,然后将工件取出(注意:每次观察工件后,必须及时盖好锅盖)。用清水冲洗工件,去掉工件上的丙酮,然后用电吹风机吹干工件。

用过的丙酮废水不可随意排放,需按相关规定统一管理。

图6-26 除油

二、笔(镀)电

笔电就是修补工件电镀后有缺陷的部位,或电镀大型工件的盲孔、窄缝、深孔,以及局部有特殊要求的工件等。

笔电过程中,工件为阴极,不溶性导电材料为阳极,阳极外面包有吸水性好的纤维材料(即笔刷)以便吸附镀液。当阳极与工件表面接触并不断相对运动时,电流通过阳极与工件表面的纤维材料所吸附的镀液(金属),使金属沉积在工件表面形成镀层,从而完成对工件的笔(镀)电工作。

操作工艺要点:检查并确定工件所需电镀的部位,选择适合尺寸的笔芯(刷),选择或调配电镀液。根据电镀部位的大小,取适宜量的电镀液,适合一次用量即可,不宜太多。一般情况下,将电压选择档调至7~8档位。用电源正极接电笔,负极接工件,用电笔沾镀液与工件表面接触并相对运动,就可得到相应的镀层效果(图6-27)。

笔芯(刷)要保持干净,形状要适用,需要时笔芯可以用刀削成型。镀液要保持干净,防止灰尘及其他杂质混入,从而影响电镀质量。

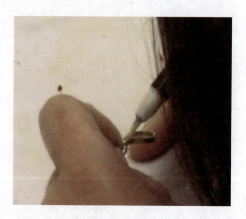

图6-27 笔电

09 笔(镀)电视频(无声)

三、防变色处理

电镀后要用纯水或热纯水彻底清洗,以消除镀层表面的残余盐类,保持镀层的持久光泽。

对于薄金镀层和银镀层,在潮湿且含有硫化物的大气中很容易变黄,严重时变黑。镀层的变色会恶化首饰外观质量。因此,电镀薄金或镀银后,应立即进行防变色处理,以封闭镀层的孔隙,使表面生成一层保护膜与外界隔绝,防止基体被腐蚀,延长镀层变色的时间。常见的防变色处理工艺有化学钝化、电化学钝化、浸有机保护剂等方式。

(1)通过化学钝化或电化学钝化方法形成无机钝化膜。铬酸盐钝化是镀银层常用的一种化学钝化方法,它是在含有六价铬化合物的酸性或碱性溶液中进行,在镀层表面生成氧化银和铬酸银膜。电化学钝化是利用阴极还原原理,在镀层表面生成铬酸银、铬酸铬、碱式铬酸银、碱式铬酸铬等物质组成的膜层。这些膜层有较好的钝化效果,降低了合金表面自由能,可起到防变色的作用。

(2)在银表面形成保护性配合物膜。如苯骈三氮唑、四氮唑和各种含硫化合物,可在镀层上形成配合物膜,有的还加入一些水溶性聚合物做成膜剂。

第七章 足金首饰加工工艺

足金首饰加工工艺主要由铸造（倒模）、执扣、辅助工序和打磨等部分组成。其中，辅助工序包括省砂纸、闪砂、蘸酸、喷砂、车尼龙砂、车花、粘石等。所谓辅助工序，就是根据加工订单的具体要求，安排生产的工序，并不是所有的工件都要经过这些工序。与K金首饰加工工艺相比较，足金首饰加工工艺有其相对的独立性。下面分别介绍足金工艺及其操作流程。

足金首饰工艺流程可以概括为铸造（倒模）→执扣→辅助工序→打磨等步骤。

第一节 链类足金首饰的执扣工艺

一、链类足金首饰的执扣工艺流程

链类足金首饰执扣工艺流程包括锉水口→扣链→焊链→整形→执链等几个环节。

（一）锉水口

锉水口就是清除工件表面与设计要求不符的凸出部分，将剪后的水口锉至与工件表面相一致，使工件表面成为无痕的整体。

1. 主要使用工具

粗锉、滑锉。

2. 操作工艺步骤

先用粗锉将工件剪过的水口锉至与其周围的表面基本相平，再用滑锉进行修整，使工件表面无明显分界，成为完美的整体（图7-1）。

3. 注意事项

（1）锉磨时要注意控制手的力度和方向，不能锉磨不需运锉的部位。

图7-1 锉水口

(2)用滑锉修整时,应根据工件的形状、弧度正确运用,对平面的工件运锉要平、直、正,对有弧度的工件运锉,要自下而上走弧线锉磨。

(二)扣链

扣链就是将锉过水口后的散件,按设计要求进行组合,使之成为完整的手链或项链。

1. 主要使用工具

扣链钳、镊子、剪钳。

2. 操作工艺步骤

(1)应根据加工要求分类,分清大、中、小或不同花纹的各种搭配散件,然后进行扣接。

(2)用扣钳将扣利夹起翻转,扣住与之相连接的散件(图7-2)。用剪钳剪除扣利的多余部分,使两散件以扣住尚能灵活翻折为宜。将扣好的链整修灵活。

3. 注意事项

(1)链类首饰的加工,一定要按照订单的要求进行分款,严格分类搭配执扣,不可扣错。

(2)各连接件要扣接平整,转动灵活,弯折自如,焊点牢固,否则易扯变形或扯断。

图7-2 扣链

(三)焊链

焊链就是将按照要求扣接好的各链扣的开口处,进行焊接,使之扣接牢固,不易扯断。同时要求在焊链的过程中,如发现工件上有砂窿等缺陷时,需及时进行焊补,使之完整无缺。

1. 主要使用工具和材料

主要使用工具包括组合焊具一套、焊夹、硼砂碟、打火机、焊瓦、扣链钳。主要使用的材料包括焊丝、焊片、硼砂。

2. 操作工艺步骤

(1)用水将硼砂粉浸开,用剪刀将焊片剪成1mm×60mm左右的条状,将其置于硼砂碟中。

(2)将要焊的链按开口顺序放于焊瓦上,焊接难度大的放1~2条,难度小的可放5~7条。

(3)左手拿火枪,左脚踏风球,点燃火枪。用焊夹夹住焊片,接触于烧红的链扣口处进行点焊,并按焊点顺序慢慢右移(图7-3)。焊接过程中,若能做到点到

图7-3 焊链

即止,则为最佳。

3. 注意事项

焊接过程中,手脚配合要协调、得当,根据工件焊点的要求,要随时控制火力大小。火力太猛会烧废工件坯,或焊成不能活动的死点;火力太小会使焊点受热不够而不熔,造成假焊、虚焊等现象,焊点太多会影响美观,且费工时,需将多余的焊点锉掉。

(四)整形

整形就是将执链后或其他工序后的变形工件,进行修整、矫正,使其符合设计要求。

1. 主要使用工具

扣链钳、刮锉、铁针、铁锤等。

图 7-4 整形

2. 操作工艺步骤

仔细地观察工件的整体形状是否有歪斜现象,如出现这种情况,可用扣链钳轻轻地加以矫正,或将工件置于桌面用手按平(图 7-4)。

3. 注意事项

在对工件压或锤的矫正过程中,用力不能过大,否则将会导致工件在整形中变形,或长度不符合设计要求。

04 整形视频(无声)

(五)执链

执链就是除去工件表面凹凸不平,光洁度不高或有棱角、毛刺等部分,使之更加圆润有光泽。

1. 主要使用工具

大、小滑锉,刮刀(自制)、吊机、牙针、球针、粉红石粒。

图 7-5 执链

2. 操作工艺步骤

(1)工作前应仔细观察整条链,以确定加工角度。

(2)执磨时需根据设计要求进行,将需要喷砂、车砂、闪砂、光身等工艺的部分,分别进行不同程序的锉执(图 7-5)。

(3)对各部位焊接、焊补点进行锉执,使其表面圆润光滑、美观。

05 执链视频(无声)

(4)对小滑锉锉不到的死角位,要用自制的刮刀将其刮至平整、光亮。

(5)整条链各部位锉过后,需再检查各个经锉、执的面有无披锋现象,如出现这种情况,则用吊机装上牙针并蘸上机油,对披锋位进行修执,直到光滑。

3. 注意事项

(1)要认真核对设计图样,确定需要执的部位,不可执错。

(2)在执的过程中,不可将工件执变形,如出现变形,则需进行整形。

(3)用牙针车工件时,要注意不可将工件车崩口。

二、手链、项链工艺流程

(一)手链、项链的加工工艺流程

手链、项链的加工工艺流程包括拉线→制圈→扣环→焊扣→扭链→压扁→车花→锉面→拍飞碟→装扣等工艺环节。

(二)常见的拉线链的工艺类型

常见的通过拉线加工而成的手链、项链的工艺类型,主要包括以下类别。

(1)珍珠链。带有内凹槽的半圆形扣链。

(2)粟米链。每节形似粟米状,通常三节为一串,与珍珠链混杂扣成链。

(3)单扣链。每个单圈与之相扣成链。

(4)双扣链。每个单圈均两圈递进重叠相扣成链。

(三)手链、项链的操作工艺流程

1. 拉线

拉线就是将金条按图样要求拉成符合规格的金线,拉线是加工制作拉线链的第一步。

(1)主要使用工具。焊枪、压片机、虎头钳、拉线板。

(2)操作工艺步骤。首先,点燃焊枪将金条烧至通红,然后待其自然冷却;其次,通过压片机两滚筒上的压线槽,将金条逐级压细;最后,当金条被压成需加工要求大小的金线后,将其中一端用锤或锉磨细、整圆,穿入拉丝板孔中,逐级拉细至达到要求的规格。

(3)注意事项。拉成线以后,金线的直径需用游标卡尺量取,不能根据拉丝板的孔径规格来确定,因为拉丝板的模孔经长期使用,孔径会因磨损变大,制作后会出现超重现象。

2. 制圈

拉成线以后,则要按订单加工要求制链,制链的第一步,则需先将金线制成一个个圆圈。

(1)圈的制作。若金线的横截面直径在1mm以下,可在吊机头上装上一根专用的光滑圆钢棒,将金线的一端固定在吊机头上,开启吊机,用手指引导金线,在钢棒上绕成均匀的圈。

若金线的直径在1mm以上,要用手动绕线机制圈,同样是将金线的一端固定,用手摇动绕线机,按不同的尺寸,装上不同规格的钢棒,使金线均匀地在钢棒绕成圈(图7-6)。

珍珠圈的制作。先将拉至符合规格要求的金线,通过压片机将其压扁,再用尖嘴钳将金线头部夹成扁半圆,选择符合规格直径的拉线板孔,将扁丝拉成凹半圆(金片的宽度应稍大于孔

图7-6 制圈

图7-7 单扣链

径)。将环绕的螺旋线从钢棒上取下,按照制作要求切取。

粟米形是将其按一定长度沿横剖面剪下,制成一段段的"粟米芯"。

其他链是按纵剖面直线剪断,制成一个个圈。

(2)注意事项。绕金线用的钢棒要选用正确规格。剪线时要剪直,不能变形,或使剪下的圈大小不一。

3. 扣环

扣环就是按订单图样要求,将各个剪下的圆圈制成相应的形状串连起来,形成长链。

操作工艺步骤。珍珠链的扣法是一环扣一环,连接成链即可(图7-7);粟米链是将金线先做成底圆上锥的四棱体形,再将"粟米芯"填入其中,通常以三个"粟米"为一组,再扣上珍珠圈,如此往来,至长度达到要求为止;双扣链(双扣)则是连套两环、环环相扣,扣成长链。

4. 焊扣

焊扣就是将各个连接后的环、圈的开口位焊接起来,使之不能分开。

(1)操作工艺步骤。

方法一:点燃焊枪,将环的开口位烧红,用镊子夹着浸在硼砂水中的细金片放置在烧红的开口处,熔融的焊液在硼砂的作用下很快走焊,将环口焊实(图7-8)。

方法二:用小匙将浸在硼砂水中的金粉取出,点在开口处烧熔,同样可以达到很快焊实的作用(此法一般用于小圈的焊接)。

粟米链还需将"粟米芯"各环之间、"粟米芯"与外框之间焊实。

(2)注意事项。焊接时要走焊均匀,焊点不能过量,焊接粟米链时,更需注意。

图7-8 焊扣

5. 扭链

扭链就是将焊接好开口位的链条扭出一定的角度,使各环之间的接合良好,整齐均一。

(1)主要使用工具。手摇钻、尖嘴钳。

(2)操作工艺步骤。把链条的一端固定起来,另一端扣在手摇钻上,拉紧、拉直后,一人转动手摇钻手柄,另一人用尖嘴钳将扭折的地方夹正,使链的每个环之间角度一致,接合良好(图7-9)。

(3)注意事项。在扭链与夹正的过程中,一定要做到适度。若扭、夹过度,都会导致链被拉断。

6. 压扁

压扁就是将链条上每个环的角度一致,平面整齐。

(1)主要使用工具。铁锤、铁平板、压片机。

(2)操作工艺步骤。首先,将扭过以后的链平摊在铁平板上,用铁锤将其轻轻拍平;其次,根据制作要求调节好压片机的滚筒间的间隙高度,将链条按顺序引入压片机碾压(图7-10);再次,将压过一次的链用焊枪将其烧红,然后放置让其自然冷却;最后,将烧过的链重复一遍上述步骤。

图7-9 扭链　　　　　图7-10 压扁

(3)工艺技术要求。加工完成的链条无论怎样放置,只要提起一端,其余的部分都会随之流畅地排列下来,不能出现打折、扭成团的现象。

7. 车花

车花就是在链上刻出花纹图案,使首饰的外观更加美观、别致。

(1)刻制竖纹。根据花纹的要求宽度,调整好刻度盘。将双面胶贴在一块方形木块上,将链条理顺不起节,然后平铺在双面胶上,用胶锤轻轻压打,使链平直地粘在胶面上。用毛笔沾冬青油,并将油均匀地涂在准备车花的链面上。将粘有链的木块放到车花机的工作台上,并使链平面正对车花刀。按下电源开关,用左手缓慢均匀地推动木块,右手把持操纵杆控制车刀的上下进退,使车刀在链条面上车出花纹(图7-11)。

(2)刻制横纹。根据工件确定所用的车花刀,固定工件的底座(手工链选用带轮的底座)。在底座上贴好双面胶,将链条平直贴在胶上,并加以固定。确定需车花工件的位置,调整车刀

图7-11 车花

与底座的角度。左手转动底座,右手把持操纵杆,控制车花角度和车刀深度。车花位若有偏差时,可通过调节底座的角度来达到加工目的。

(3)注意事项。链条粘于木块上须平直、牢固,防止在车花过程中出现松动。车花前一定要在链上涂油,以免工件粘住金粉。车花过程中,双手应协调配合,控制木块的推进速度,以及花纹的深浅。

8. 锉面

(1)主要使用工具。粗锉、滑锉、扳手、夹具规。

(2)操作工艺步骤。根据链的宽度调整好夹具的锉槽高度,使链放入槽中所露出的部分,只能是被加工锉掉的部分。链、槽的高度、深度调整合适后,用扳手拧紧夹具的两端紧固螺栓,使链被固定在夹具中。用粗锉将夹具中突出的链条边锉去,再用滑锉修磨粗锉锉过的边。一条链条边锉完后,再锉链条的另一边。锉完一条链条边后,夹具槽的深度此时与链条的宽度相等,这时应将夹具的高度按要求调升至能对链加工的高度。待链条的两个侧面加工完毕,用毛扫扫去留下的金粉,然后进入拍飞碟工序。

(3)注意事项。严格按照加工订单要求限重。粗、滑锉刀上要擦上粉笔,防止金粉黏附在锉刀上,以尽可能减少金耗。力求整体平滑,不可将链条锉出凹凸状。

9. 装扣

装扣就是将链扣安装在链条上。链扣是手链或项链的开合装置,是每条链方便佩戴、解除的关键组成部分。

(1)链扣的分类。包括:W型(一般用于项链)、S型(一般用于手链)、螺纹型、锁扣型等。

(2)操作工艺步骤。将加工好的长链,按加工订单要求的长度进行截取。将链扣安装在链条的一端(图7-12),然后用火枪将其焊接固定。必须做到链条的两端扣合灵活,佩戴、解除方便。

拉线链的后期工序,如省砂纸、蘸酸、打磨等,与前述同类操作相同。

图7-12 装扣

第二节 足金手镯的执扣工艺

一、足金手镯执扣工艺流程

足金手镯的执扣工艺流程,包括:锉水口→夹镯→焊底片→焊铰筒→开铰→焊鸭利→锯襟手位→铰制→整形→滑锉修整→焊"8"字制。

以上是一般的足金手镯的执扣工艺流程,特殊类型的足金手镯执扣工艺,则依据样式不同而工艺流程会有所改变。

二、操作流程

(一)锉水口

详见"详见链类足金首饰执扣工艺流程"。

(二)夹镯

夹镯就是将执模过后的镯坯,整成蛋圆形的手镯,使之与手腕的配合贴合。

1. 主要使用工具和材料

主要使用工具包括:组合焊具一套、焊瓦、硼砂碟、焊夹、锯弓、尖嘴钳、镯筒、手镯顶。主要使用的材料包括:硼砂、焊丝、焊片。

2. 操作工艺步骤

(1)对单分款,分清镯面、镯底,检查手镯铸坯是否存在质量问题(如开裂、凹槽等)。

(2)将镯面、镯底配对组合,用钢尺测量手镯的尺寸是否符合订单的尺寸要求。

(3)将一只镯面用焊夹夹在焊瓦上,并在镯面的开口处点一点焊,然后拿起镯底,并将镯底与镯面对正接齐,用火枪将底、面对接焊牢。

(4)将焊好一面的手轭套在轭筒上整形,使手轭通过整形成为完全符合订单要求的形状,然后将镯平放在焊瓦上,焊牢另一边(图7-13)。

图7-13 夹镯

(5)再次用钢尺测量手镯的整体尺寸,检查是否符合标准要求。

3. 注意事项

(1)镯面、镯底不可配错,镯面、镯底对焊必须整齐、规则,不可错位。

(2)整形时,切忌用大力敲击,引起手镯表面出现印痕,以增加执、锉的难度。

(三)焊底片

焊底片的目的就是为了加工制作鸭利箱。

1. 主要使用工具

焊枪、镊子、焊夹、镯筒。

2. 操作工艺步骤

(1)按手镯的尺寸,选择合适的足金底片,烧软后按镯筒的弧度弯成弧形,并用锉刀加以修整,使底片长短与镯筒凹位一致,结合紧密。

(2)用焊夹横着夹住手镯,摆放好底片,在底片尾端轻焊一点定位,然后将手镯从焊夹上取出,平放在焊瓦上,用焊接工具,沿底片走焊至满(图7-14)。

4. 焊较筒(焊转轴)

焊较筒就是将手镯的镯面和镯底两个部分连接起来,开较后能使其灵活开合。

1. 主要使用工具

焊枪、镊子、焊瓦、焊丝、硼砂、尖嘴钳、鼠尾锉。

2. 操作工艺步骤

(1)配一对合适的较筒,较筒与手镯的接合良好,并在较筒上涂上牙膏,防止焊死。

图7-14 焊底片

(2)用锯弓以原焊接线为中线,锯一个稍小于较筒外径的方口,然后用鼠尾锉将方口锉成与较筒相同的形状,锉磨时要用较筒边量、边锉,以不紧不松为标准。

(3)将一对较筒分别放入手镯较位处的正中位,且较筒圆位坐底,顶端与镯面平行。

(4)用焊夹横夹镯面,采用点焊法,将较筒与手镯之接触位焊牢(图7-15)。

3. 注意事项

手镯的两半不能合(夹)歪。较筒位易锯歪、锯断或锉歪、锉断,应特别注意。并且点焊时要注意,不要让焊液渗入较筒内,否则,将导致较筒阻塞而返工。

(五)开较

开较就是使焊好较筒的手镯能够开合自如。

图7-15 焊较筒

1. 主要使用工具

卓弓(锯弓)。

2. 操作工艺步骤

松开锯弓、锯条,穿入手镯内圈中,再拧紧锯弓,将焊有铰筒一边的焊点,沿手镯两半相连处的缝隙锯开(图7-16)。

3. 注意事项

锯手镯时要注意沿手镯两半相连的缝隙处锯开,否则手镯开合不正或受阻,将前功尽弃。

图7-16 开铰

(六)焊鸭利

鸭利是足金手镯开合的重要装置。

1. 主要使用工具

焊枪、镊子、焊瓦、焊丝、硼砂、尖嘴钳、鼠尾锉。

2. 操作工艺步骤

(1)选择适合的鸭利,打上"900"字印,用粗锉将其锉成梯形。

(2)对鸭利进行退火处理,用钳弯出弧度,再用锉稍微修整后,将长的一端插入镯底的鸭利箱内,并用点焊将鸭利固定,然后将鸭利与镯底的接触位上、下加焊,至完全牢固(突出部分为5~6mm,图7-17)。

(3)双手分捏手镯两面,试用鸭利能否顺畅插入鸭利箱内(插入箱后从外面应完全不见鸭利)。

图7-17 焊鸭利

(七)锯襟手位

锯襟手位就是为了使手镯开合更加方便,同时又能使手镯的两部分定位准确,结合紧凑。

1. 主要使用工具

卓弓(锯弓)、小滑锉、剪钳、吊机、牙针。

2. 操作工艺步骤

将鸭利插入鸭利箱内,然后用锯弓在距接口3~4mm处向下锯,锯到闸制片高度的一半时,便转90°方向再锯,以锯到鸭利之间的中间位时即止,这样襟手位就制好了。然后,在襟手位焊接合适的襟制。

3. 注意事项

在锯襟手位时,应特别注重锯的位置必须正确,以便于焊接襟制。

(八)铰制

校制就是为了使手镯的两部分定位准确,结合紧凑,达到开合灵活、自如的要求。

1. 主要使用工具

卓弓（锯弓）、小滑锉、剪钳、吊机、牙针。

2. 操作工艺步骤

（1）用小滑锉修整鸭利，用牙针将鸭利箱内的焊渣、金珠扫干净，并使鸭利箱方正。

（2）在镯面的鸭利箱上，用锯弓锯一条与鸭利箱口相距约1mm的并行线，深度为0.5mm。

（3）将鸭利插入鸭利箱内，使手镯的两部分合拢，然后顺着开始锯出的槽，用锯弓顺槽而下，在鸭利上轻划一下，使鸭利上留下一点浅浅的凹槽即可（凹槽作为手镯闸制片的定位点）。

（4）选择合适的金片作为闸制片，安装在刚才锯出的开口中，并将多出部分锉去后，焊接牢固。

3. 注意事项

全部工作完成后，应将鸭利反复插入鸭利箱内试验，当鸭利插入鸭利箱时，能听到"嗒"的一声脆响，则说明鸭利与鸭利箱的配合妥贴，否则应重新调整。

（九）整形

整形就是通过一系列的工序制作后，对制作过程中可能出现的变形进行处理，使之完全符合标准。

1. 主要使用工具

锤、镯筒、铁砧、粗锉、滑锉、手镯顶。

2. 操作工艺步骤

（1）将手镯一边放在铁砧上，用小铁锤轻轻铆打露出的榫线，将其敲成铆钉状，另一边同样操作。

（2）将手镯合好后套在镯筒上，用手按压，使镯与镯筒完全贴合，成为标准的镯形。

（十）滑锉修整

滑锉修整就是除去工件表面加工时留下的痕迹，使手镯更趋完整美观。

1. 主要使用工具

大滑锉、中滑锉。

2. 操作工艺步骤

用大滑锉将工件基本锉平，然后用中滑锉修整，使手镯整体光滑。

3. 注意事项

锉磨时要注意控制手的力度和方向，不要磕碰不需要锉磨的部位。用滑锉修整时，应根据工件的形状、弧度正确运用，对平面的工件运锉要平、直、正，对有弧度的工件，运锉时要自下而上走弧线锉磨。

（十一）焊"8"字制（亦称葫芦线）

焊接"8"字制就是将手镯的两部分连接更紧凑，防止脱落。

1. 主要使用工具

焊枪、硼砂、镊子、尖嘴钳、焊丝。

2. 操作工艺步骤

（1）以焊接有鸭利位的两节轭之连接处为中心线，在其侧面处及往镯面方向3~4mm处，各焊上一粒金珠。在侧面处的金珠上打一个0.6mm的通孔，孔径要与手镯的侧面平行。

（2）用92金线（⌀0.5mm×32mm）穿过金珠的通孔后对折，两线头于另一端金珠会合交叠，然后用焊枪将两线头熔合。

（3）剪去多余的金线，用尖嘴钳将其从两珠之间轻捏成"8"字形。

3. 注意事项

"8"字制的松紧要适合，太紧有可能因长期摩擦而折断，太松又起不了"制"的作用，故以搭扣时稍用点力就能嵌合为好。

第三节　足金戒指、吊坠、耳环的执扣工艺

一、足金戒指、吊坠、耳环的执扣工艺流程

戒指、吊坠、耳环的执扣工艺流程与链类首饰的执扣工艺流程基本相同，差别不大，包括锉水口→整形→焊接→整形→执扣等工艺环节。在操作工艺规程和制作工艺方面基本相同，只是要求略有差异。稍有不同的是吊坠要焊接瓜子耳、焊接扣圈，耳环要焊接耳针。瓜子耳、扣圈以及耳针的焊接方法介绍如下。

二、焊耳针、瓜子耳、扣圈

耳针作为耳环上不可缺少的一个组成部分，因直接浇铸成型有很大难度，故需在浇铸后再焊接上去。瓜子耳和扣圈作为吊坠上便于拴挂的重要组成部分，亦是在后面再焊接上去的，其操作程序分别如下。

1. 主要使用工具和材料

主要使用的工具包括：组合焊具一套、硼砂碟、焊夹、焊瓦。材料包括：硼砂、长度合适的耳针、瓜子耳、扣圈、焊丝。

2. 操作工艺步骤

（1）将整好形、配好对的耳环放在焊瓦上，插好耳针。

（2）左手拿着点燃的火枪，用焊夹夹住焊丝进行点焊，至耳针孔位满2/3左右，要沾一点硼砂放在耳孔位，用火枪烧至焊实为止。

（3）焊瓜子耳及扣圈时，应先焊好瓜子耳，扣好扣圈后再进行点焊，焊点以平滑不脱焊为佳。

10
吊坠的执扣
视频（无声）

3. 注意事项

（1）焊耳针要特别注意控制火力的大小、强弱，切不可使耳针烧熔而缩短（因为焊丝95成色，耳针则是92成色）。

（2）在耳针孔位点焊时，焊点要均匀。

(3)焊瓜子耳及扣圈时,若焊点太大要整修锉磨,使其光洁、平滑。

第四节　足金首饰工艺的辅助工序

足金工艺的辅助工序,应根据加工订单要求具体确定。

一、省砂纸

省砂纸就是消除执模、整形过程中可能留下的痕迹,使工件表面更光洁、平滑。

1. 主要使用工具

吊机、砂纸卷(锥形、圆形)、砂纸碟、钢针、废牙针。

2. 操作工艺步骤

(1)将卷好的砂纸安装在吊机头上,对工件的各需要部位进行打磨(图7-18)。

(2)内圈用砂纸碟打磨。

11
省砂纸视频(无声)

图7-18　省砂纸

二、闪砂

闪砂就是使工件的表面在设计要求的部位形成点状的网络,呈参差状、凹凸有致,增强工件的立体效果。

1. 主要使用工具

吊机、钻石闪钻头、弹弓作。

2. 操作工艺步骤

(1)左手持工件,右手握钻机,对准需要进行闪砂的部位开钻,并呈点状有序移动,使加工部位形成点阵式网络状(图7-19)。

(2)检查网格的凹凸是否有序,深浅是否适度,并进行适当的修整。

图 7-19　闪砂

3. 注意事项

(1)用力要均匀适度,网格排列有序,深浅度一致。

(2)不能破损非加工面。

(3)不能使工件产生大的变形。

三、蘸酸

蘸酸就是要清除工件外表的污渍、斑点,通过酸化处理,使工件更易于打磨。适用于各款有加工要求的首饰。

图 7-20　蘸酸

1. 主要使用工具

主要使用工具包括:火枪、长焊夹、焊砖、火机、康宁煲(一种耐酸、且不怕腐蚀的容器,常用来盛装硫酸、盐酸等)、塑料桶。材料为:36%~38%的盐酸液。

2. 操作工艺步骤

(1)将工件排列在焊砖上,用火机点燃火枪,用火枪将焊砖上的工件烧红,然后将其放入装有酸的康宁煲中浸泡(图7-20)。

(2)当工件放入煲中溶液后,会出现很多泡沫,直到煲中的泡沫自动消失后,即可取出工件进行清洗。

(3)工作完毕时,应将酸液用专用桶装好,放回车间仓库保存。

3. 注意事项

工作时若不小心将盐酸液溅到皮肤上,切记不可用水冲洗,应先用纸巾或干布将沾在皮肤上的酸液吸干,再用清水冲洗。

四、喷砂

喷砂就是按照设计要求在工件表面制造砂面,使工件表面形成柔润、粗犷的对比效果。

1. 主要使用工具

主要使用喷砂机。喷砂机分为水喷砂和干喷砂两种。水喷砂又有大喷砂机和小喷砂机之分,大喷砂机与干喷砂机在操作时,只需用双手拿住工件,将需要喷砂的部位对准机器上固定的喷砂嘴即可。至于干喷砂和水喷砂的选用,则需根据加工订单要求来确定。下面介绍的是小型水喷砂机的操作方法。三种类型喷砂机在其他操作方式、操作程序上均相同。

图7-21 喷砂

2. 操作工艺步骤

（1）断开喷砂机电流,拧开喷砂机盖,按工艺要求加入0号砂（细砂）,或2号砂（粗砂）。加入砂量不可超过刻度标志线,否则会阻塞砂管。加入砂后,拧紧封盖,打开电源。

（2）调节喷砂机的气压,足金要求为6个大气压。

14 喷砂视频（无声）

（3）左手捏住工件,右手握持喷砂头,用脚踏点开关,喷嘴对准需加工的部分均匀地喷砂（图7-21）。

（4）将完成喷砂的工件用自来水清洗,然后用吹风机吹干。

3. 注意事项

（1）加入砂后,打开电源前,要检查水管和喷砂管是否连接良好。

（2）气压不可过高或过低,气压过高会使工件出现砂窿,过低又难以形成喷砂效果。

（3）喷砂后若出现砂窿,要及时进行修补处理。

五、车尼龙砂

车尼龙砂就是使工件的表面带有丝状线条。

1. 主要使用工具

吊机、尼龙砂轮（图7-22）。

2. 操作工艺步骤

（1）在打磨机的锥形螺纹轴,装上尼龙砂轮,开启照明灯以及打磨机电流开关。

（2）双手抓住工件,将需要加工的部位贴住高速旋转的尼龙砂轮,前后直线运动,并辅以灵活转动或车磨（图7-23）。

（3）将工件车至符合设计要求后,做好清洁及金粉回收工作。

3. 注意事项

（1）不能将工件车变形、出现凹槽或太薄。

图7-22 尼龙砂轮

图7-23 车尼龙砂

(2)线纹要清晰、均匀、顺畅。
(3)车砂时,工件要直线运动,切忌将工件歪磨,或左右摇摆车磨,导致车出的线条歪斜。
(4)如果工件太小,车磨时要防止工件脱手。

第五节　足金首饰的打磨工艺

足金首饰的打磨(也称披亮)工艺,就是对工件的线、边或其他设计要求的部位进行打磨披光,使之表面更加光亮。适用各种有加工要求的工件。

1. 主要使用工具

玛瑙刀、钢压。

2. 操作工艺步骤

(1)用钢压(一种锥头钢棒)在工件需要加工的部位来回碾压至光洁透亮(图7-24)。
(2)使用钢压碾压时,要边碾、边用牙刷蘸木眼子(即肥皂树、皂果树的果实,其果核似木眼一般,因此在广州称其为木眼子树,将其浸泡在水中,可以产生似肥皂一样的泡沫,可以用来洗手、洗衣服)的浸出液,用木眼子浸出液擦洗碾压工件,可以起到清除工件加工时粘上的油污或其他杂质,其效用与洗洁净相仿,但木眼子浸出液长时间使用,不会损伤工人的皮肤。
(3)用玛瑙刀重复一次钢压披过的部位,使工件更加光润晶亮,沁出灵气(图7-25)。

图7-24 钢压披亮

图7-25 玛瑙披亮

第八章 首饰的机械加工工艺

传统的首饰制造过程中的执模工艺,就是对铸造(倒模)出来的坯件直接进行手工操作,生产效率相对较低,随着科学技术的不断进步,首饰制造行业也逐步引入了新的生产工艺技术和设备,不断地减轻首饰企业员工的劳动强度,从而有效地提高了生产效率。而首饰的机械加工工艺,就是其中的一个重要部分。

第一节 连铸型材

采用机械加工工艺制作首饰件时,首先需要准备各种形状的模坯料。传统的生产方式是手工浇注铸锭模,再将铸坯进行开坯轧压。这种生产方式一般使用浇包,将金属液倾倒入锭模内而成,不可避免会使熔融金属有较长时间与空气接触,增加被氧化和吸附氧气的机会;还由于金属液流的冲击和飞溅,导致铸坯中出现气孔和氧化夹杂等缺陷。此外,这种铸坯法锭模与金属在冷却时的不规则梯度,使铸坯中的缩松、孔洞、裂纹及表面冷隔等缺陷更是难免。由于传统铸锭坯存在的上述质量问题,决定了它很难制造出高质量的产品,因此改进坯料铸造工艺成为关键。

连铸技术因其优越性,成为传统的手工锭模铸坯加工金银的替代手段。20世纪90年代,连铸技术广泛应用于有色金属型材的加工,并被引入贵金属型材的生产。现在国内外有色及贵金属合金扁锭、圆锭、空心锭及薄带的生产,几乎都是采用连续或半连续铸造方式。

一、连续铸造工艺简介

连续铸造是一种先进的铸造方法,其原理是将熔融的金属,不断浇入特殊金属型(结晶器)中,凝固(结壳)后的型材连续不断地从结晶器的另一端拉出,它可获得任意长或特定长度的铸造型材。结晶器的内部结构也决定了铸造型材的截面形状。

连续铸造工艺主要分为两大类:垂直连续铸造和水平连续铸造。

1. 垂直连续铸造

垂直连续铸造是最早发展起来的首饰合金连续铸造工艺,目前仍广泛应用于生产各种型材,特别是截面较大的型材。根据拉坯方式的不同,又可分为下拉式和上引式两种,其原理见图8-1和图8-2。

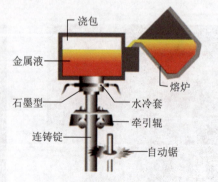

图8-1 下拉式连铸原理图

2. 水平连续铸造

与垂直连续铸造工艺相比,水平连续铸造具有设备简单,无需深井和吊车,结晶器短,浇铸速度较高,易于实现机械化和自动化,可连续生产等优点。但它只适合于小规格型材的生产,对于直径较大的型材生产比较困难。水平连铸的原理,见图8-3。

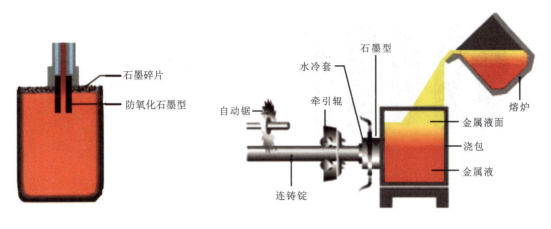

图8-2 上引式连铸原理图　　　　　图8-3 水平连铸原理图

二、连续铸造的优点

与离心铸造和普通砂型铸造相比,连续铸造工艺具有以下优点。

(1)连续铸造工艺中,由于金属被迅速冷却,合金结晶致密,组织均匀,机械性能较好。相比之下,离心铸造中由于离心力对合金中具有不同比重的组分的作用不同,使合金容易产生偏析;而砂型铸造的冷却较慢,晶粒组织较粗大,致密度不好。

(2)连续铸造时,铸件上没有浇注系统的冒口,因此连续铸锭在轧制时不用切头去尾,节约了金属,提高了收得率。

(3)连续铸造简化了工序,免除造型及其他工序,因而减轻了劳动强度,所需生产场地面积也大为减少。

(4)连续铸造生产易于实现机械化和自动化,铸锭时还能实现连铸连轧,极大地提高了生产效率,在大规模生产的情况下,其成本较低。

(5)离心铸造的生产长度受到了限制,其直径决定了产品铸造长度。连续铸造非但不会受到铸造长度的限制,而且可以短期内进行大规模生产。同时,离心铸造生产过程中,表面氧化层较厚,从而使得铸造尺寸和终端毛坯尺寸差距较大,而连续铸造则可以获得较准确的尺寸。

(6)离心铸造并不能根据客户的要求生产具有复杂断面结构的产品。而连续铸造可以生产各种异形型材,且成本控制得很低。

三、连铸型材类别

连铸型材类别由结晶器形状决定,结晶器一般用导热性较好,具有一定强度的材料,如铜、铸铁、石墨等制成,壁中空,空隙中间通冷却水以增强其冷却作用。其中,石墨模具具有导热性好、高温下自润滑性好、耐磨性好、机械强度高等特点。按孔数可分为单孔石墨模、多孔石墨模(图8-4),铸出的成型材料,有方形、长方形、圆形、平板形、管形或各种异形截面(图8-5)。

图8-4 多孔石墨模具

图8-5 典型连铸铜型材

第二节 机械加工片材、管材和线材

一、加工片材

用压(辊)片机将金条压轧成各种不同厚度的金片,为首饰加工过程中使用。如制作鸭利制、铰制等配件都需用到金片。

1. 主要设备和工具

压(辊)片机、划线笔、铁剪、铁钳。

2. 操作工艺要点

压片前,要揩净压片机对辊和金条上的杂物,调整好对辊之间的距离,压片中每次下压的距离不可太大,按不同金质确定辊压次数,完成不同压片次数后要进行退火,并且控制好金片的曲直方向(图8-6)。在选择辊压金条时,要掌握好长度和质量,以便压制的金片符合尺寸的要求。

在制作饰品过程中,往往需要很多不同形状的金片。制作时按设计图纸要求的尺寸,用划线笔在金片上划好图形,然后用铁剪剪成所需形状,并锉去毛刺(批量生产时可采用机械冲床冲压)。

图8-6 加工金片

二、加工管材

管一般是由片制得的,但在形式上表现为线的加工特征。细长管的制作是用拉线机、拉线板拉制而成的。

手工加工制作管材,要按管径周长,选择相应截面积形状和尺寸的拉线板拉制。先用压片机将片材轧压到宽度、厚度合适,退火后将片材两边略微修平整。选择尺寸合适的铁芯,使用坑铁和铁锤将片材卷成大致的管形(图8-7),将端部修小,使之能穿过拉线板相应大小的孔(图8-8)。

图8-7 卷管坯

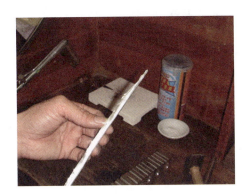

图8-8 修整管坯端部

借助拉线板和电动卷筒,将管坯依次拉过线板孔,直至所需的尺寸(图8-9)。然后在开口处进行焊接,形成密封的管材(图8-10)。

图8-9 拉管

图8-10 焊管

对于金管或银管的加工,有时也采用铝线或铜线作为管坯内芯,与管坯一起拉拔,形成所需管材后,再用酸浸除去线芯。

三、加工金线

将金条辗压成直径稍大于线状时,将金线一端用卜锉磨尖细后,由大到小逐级穿过拉线板的线粒孔,用拉线机拉制,直至拉出符合要求的金线(图8-11)。

在拉线板上镶有一系列硬质合金制的线粒孔,线粒的轴截面似一漏斗,拉线时总是从大头进小头出,不能反之,否则将损坏线板,线的质量也得不到保证。

图8-11 拉线

金线可以制成各种各样的半成品,用线制成的半成品广泛应用在首饰制品中。一般 K金拉线都要经过几次中间退火,通常拉过3~5道线粒孔,就要进行一次退火。径向螺圈通常用平嘴钳为工具在平板上绕制而成,轴向螺圈都以硬圆木或圆钢为芯绕制。当然,也可以根据需要绕成圆锥形、半球形等。

第三节 冲压工艺

冲压是利用压力机和模具对金属板材、带材、管材和型材等施加外力,使之产生塑性变形或分离,清晰地复制出模具的表面形状,从而获得所需形状和尺寸的工件(俗称冲压件)的成型加工方法。与传统的熔模铸造首饰工艺相比,冲压可在短时间内大量、经济地反复生产同种产品,而且产品的表面光洁,质量稳定,大大地减少了后续工序的工作量,提高了生产效率,降低了生产成本。因此,冲压工艺在首饰制作行业受到了越来越多的重视,其应用也越来越广泛。

一、冲压首饰件的特点

(1)与熔模铸造首饰件相比,冲压件具有薄、匀、轻、强的特点,利用冲压的方法可以大大减少工件的壁厚,从而减轻首饰件的质量,提高经济效益。

(2)冲压方式生产的首饰件孔洞少,表面质量好,提高了首饰品的质量,降低了废品率。

(3)批量生产时,冲压工艺生产效率高,劳动条件好,生产成本低。

(4)模具精密度高时,冲压首饰件的精度高,且重复性好,规格一致,有效地减少了修整、打磨、抛光的工作量。

(5)冲压可以实现较高的机械化、自动化程度。

二、采用冲压工艺的条件

冲压是一种较先进的加工方法,在经济、技术两方面都具有很大的优越性,把熔模铸造首饰件改为冲压件,目的是提高生产效率,降低生产成本,增加经济效益。但是否可行,还需要具体考虑以下几个条件。

（1）首饰品采用冲压工艺后，必须不降低原来的使用性能要求。利用冲压工艺生产首饰时，金属厚度的选择是一个重要因素。过厚时，难以保证形状的完整性和精确性，而且容易在弯折处产生裂纹；过薄时，会影响工件的机械强度性能。

（2）首饰品应具有相当的生产批量。由于冲压工艺生产时，需制作专用模具，周期较长，模具成本也较高，对小批量产品，采用冲压方法代替熔模铸造，生产成本并不具有优势。

（3）首饰件的结构，应具有良好的冲压工艺性。要尽量避免带小孔、窄槽、夹角，底部镂空的结构不能冲压，要设计拔模斜度。冲压件的形状要尽量对称，以避免应力集中和偏心受载、模具磨损不均等问题。

（4）用于冲压生产的首饰合金，要具有一定的冷加工性能。韧塑性差、加工硬化显著的首饰合金应用此工艺时，容易出现质量问题。

三、冲压所需工具设备

制作冲压加工产品，冲压机械与冲压模具是必不可少的。

（一）冲压机械

根据冲压作用力产生的方式，可以将冲压机械分为气动冲压机、液压冲压机和人力冲压机。气动冲压机是使用压缩空气作为动力源，它的动作较迅速。液压冲压机一般采用高压油缸产生压力，增压比较缓慢（图8-12）。人力冲压机有脚踏冲压机（俗称"一脚踹"，图8-13）、手动冲压机（俗称"手脾机"，图8-14）等种类。产生作用力的方式不同，成品的效果也不一样。

图8-12 液压机

图8-13 脚踏电动冲压机

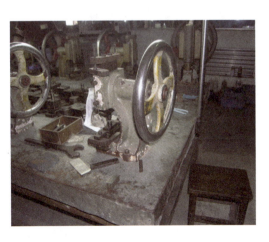

图8-14 手脾机

(二)冲压模具

冲压机械是通过装载冲压模具后进行冲压加工的,没有模具就不能进行冲压加工。一般来说,模具设计和制造需要较长的时间,这就延长了新冲压件的生产准备时间。在产品设计方案初步确定后,要对其加工工艺性进行全面科学的分析,保证有比较好的成型工艺,模具制作时,必须以此为基础。模具的精度和结构直接影响到冲压加工的生产性和冲压件的精度;模具制造成本和寿命,则是影响冲压件成本和质量的重要因素。因此,模具对于冲压工艺具有极为重要的作用,可以说是冲压加工的"钥匙"。

1. 模具的类别

冲压加工的方法有很多种,像剪断、弯曲、拧绞、成型、锻造、接合等都属于冲压加工。相应的模具种类也很多,大致可分为以下几大类,不同类型的模具可以完成不同的操作。

(1)剪断加工。包括呈封闭曲线的冲裁、呈开放型曲线的外形切割和侧面切割、穿孔、剪切、冲口、部分性分离等。

(2)弯曲。包括"V"形弯曲、"L"形弯曲、台阶状的"Z"形弯曲、"N"形弯曲、帽型弯曲、弯成筒型的卷边加工、圆形弯曲和扭转弯曲等。

(3)拧弯。制成符合穿孔器和冲模形状、有底的容器状产品。

(4)其他方面。如半穿孔、凸出、打通、切弯、压瘪、打钢印、修边、细冲切等。

2. 模具设计

模具设计是冲压工艺性和模具寿命的基础。

(1)模具结构设计。冲压件应尽量避免带小孔、窄槽、夹角等难以成型和取模的结构,形状要尽量对称。要设计拔模斜度,避免应力集中和冲压单位压力增大,克服偏心受载和模具磨损不均等缺陷。设计模具时应充分利用CAD系统功能,对首饰件进行二维和三维设计,保证产品原始信息的统一性和精确性,避免人为因素造成的错误,提高模具的设计质量。

(2)成型模腔设计。对于模具模腔边缘和底部圆角半径R,设计时应在保证型腔、容易充满的前提下尽可能放大。若圆角半径过小,模腔边缘在高压下容易堆塌,严重时会形成倒锥,影响模锻件出模。如底部圆角半径R过小而又不是光滑过渡,则容易产生裂纹且会不断扩大。

(3)模具材料。根据模具的工作条件、生产批量及材料本身的强韧性能,来选择模具用材,应尽可能选用性能好的工具钢,确保内部质量,避免可能出现的成分偏析、杂质超标等缺陷。要采用超声波探伤等无损检测技术检查,确保每件锻件内部质量良好,避免可能出现的冶金缺陷,保证模具具有足够的硬度、强度和韧性,可以承受反复冲压的冲击、疲劳、磨损等作用。

3. 模具制造

(1)模具加工成型。为保证首饰冲压件所要求的精度,应采用先进设备和技术进行加工制作,保证模具具有较高精度,同时要保证加工后的加工变形与残留应力不能太大。模腔的粗糙度直接影响模具的寿命,粗糙度高会使首饰件不易脱模,特别是中间带凸起部位,工件越深,抱得越紧。另外粗糙度值高会使金属流动阻力增加,既影响冲压件成型,也容易使模具早期失效。工作表面粗糙度值低的模具不但摩擦阻力小,而且抗咬合和抗疲劳能力强,表面粗糙度一般要求$Ra=0.4\sim0.8\mu m$。模腔表面加工时留下的刀痕、磨痕,都是应力集中的部位,也是早期裂纹和疲劳裂纹源,因此在压型加工时一定要先磨好刀具。在精加工时走刀量要小,不允许出现刀痕。对于复杂模腔,一定要留足打磨余量,磨削时若磨削过热会引起肉眼看不见的,且与磨削方向垂直的微小裂纹,对于精密模具的精密磨削,要注意环境温度的影响,要求恒温磨削。模具的制造装配精度对模具寿命的影响也很大,装配精度高,底面平直,平行度好,凸模与凹模垂直度高、间隙均匀,则有利于提高模具的使用寿命。

(2)模具热处理。模具热处理包括模具材料锻造后的退火,粗加工以后高温回火或低温回火,精加工后的淬火与回火,电火花、线切割以后的去应力低温回火。只有冷、热加工很好地相互配合,才能保证良好的模具寿命。同一种模具材料采用不同的热处理工艺,模具的使用寿命差异很大,热处理不当时,会导致模具早期失效。

(3)模具表面处理。模具表面的质量和硬度,对模具使用寿命、制件外观质量等方面均有较大的影响。因此在模具使用之前,同时也是模具制造的最后阶段,通常要进行研磨与抛光处理,以提高模具表面质量。而在研磨与抛光处理后,有时还要运用各种表面处理技术进一步提高模具表面的硬度,以延长模具使用寿命,提高工件的加工品质,降低模具使用成本。模具的表面处理技术,包括整体模腔的渗碳、渗氮、渗硼、碳氮共渗以及模腔局部的喷涂、刷镀和堆焊等,其中物理气相沉积(PVD)、化学气相沉积(CVD)等表面覆层硬化技术中,常用的真空蒸镀、真空溅射镀和离子镀等在近年来获得了较大的进展。

4. 典型首饰模具制作工艺过程

(1)根据产品结构尺寸和制作工艺,确定模具制作的具体方案,确定模具类别及结构。

(2)按需要锯切紫铜料和模具钢料(图8-15)。

(3)用铣床铣削钢料、铜料表面,用磨床磨平铣削加工后的表面(图8-16)。

图8-15 下料

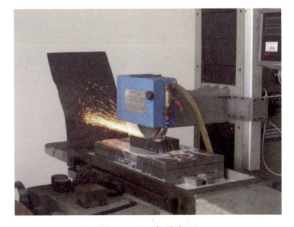

图8-16 磨平表面

(4)绘图、编刀路,用精雕机雕铣紫铜料,制作铜公(图8-17、图8-18)。

(5)加工模具相关部件,如模柄、冲针等(图8-19)。

(6)按照图纸对材料划线定位(图8-20),用钻床钻孔。

图8-17 雕铣加工

图8-18 铜公

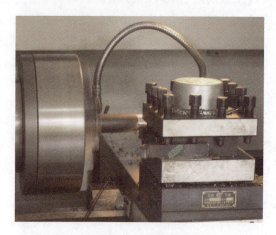

图8-19 车制模柄

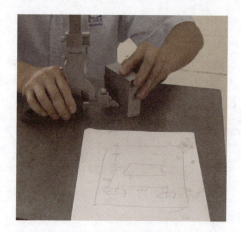

图8-20 画线定位

(7)将模具钢块热处理(图8-21)。
(8)电脑编程,线切割或电火花加工模具块、冲针、镶件等(图8-22)。

图8-21 钢料热处理

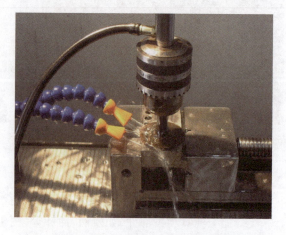

图8-22 电火花加工模具成型

(9)按照模具设计方案,对加工出来的模具块、模柄、冲针及镶件等进行装配(图8-23、图8-24)。

(10)用冲床、油压机等对模具进行试验,确定模具是否合格,根据试验结果对模具进行修改。

图8-23 冲压模

图8-24 油压模

四、冲压工艺对冲压材料的要求

冲压用板料的表面状况和内在性能对冲压成品的质量影响很大,冲压材料应满足以下要求。

(1)要满足冲压件的使用性能要求。冲压材料的屈服强度要均匀,无明显方向性强度,塑性好,屈强比低,加工硬化性低。一些容易产生加工硬化的K金合金,采用冲压工艺时要注意中间处理,避免出现裂纹。材料中混杂了夹杂物、有害元素以及有缩松、气孔等缺陷时,很容易导致冲压件的质量产生问题。

(2)要满足冲压件的表面质量要求。冲压材料应具有良好的表面质量,做到表面光洁,无斑、无疤、无擦伤、无表面裂纹等。

(3)要满足冲压件的厚度要求。冲压材料的厚度要精确、均匀。

五、冲压工艺过程

冲压的工序过程按工艺分类,可分为分离工序和成型工序两大类。分离工序也称冲裁,其目的是使冲压件沿一定轮廓线从板料上分离,同时保证分离断面的质量要求。成型工序的目的是使板料在不破坏的条件下发生塑性变形,制成所需形状和尺寸的工件。在实际生产中,常常是多种工序综合应用于一个工件。冲裁、弯曲、剪切、拉深、胀形、旋压、矫正是几种主要的冲压工艺,它们的工序简图以及特点见表8-1。

冲裁时材料分离过程可分为3个阶段:弹性变形阶段、塑料变形阶段和断裂分离阶段(表8-2)。冲裁的断面质量取决于受冲裁条件和材料本身的性质,如刃口间隙及刃口形状、刃口的锋利程度、冲裁力、润滑条件、板料的质量和性能等。冲压生产要求冲裁件有较大的光亮带,尽量减少断裂带区域的宽度。

表8-1 冲压工序的分类及各自特点(据付宏生,2005)

工作性质	工作名称		工序流程图	特点及应用范围
分离工序	剪裁			用剪切或冲模切断板材,切断线不封闭
	冲裁	落料冲孔		用冲模沿封闭线冲切板料,冲下来的部分为废料
	切口			在坯料上沿不封闭线冲出缺口,切口部分发生弯曲,如通风板
	切边			将工件的边缘部分切掉
成形工序	弯曲			把板料弯成一定的形状
	拉深			把平板形坯料制成空心工件
	成形	起伏		将板料局部冲压成凸起和凹进形状

表8-2 冲裁过程的3个阶段及特点（据付宏生,2005）

阶段	特 点		断面特征
第一阶段	板料在凸模压力作用下，首先产生弹性压缩、拉伸等变形，此时凸模略微挤入板料内，板料的另一面也略微挤入凹模刃口内，凸模端部下面的材料略有弯曲，凹模刃口上面的材料开始上翘，间隙越大，弯曲和上翘越严重，板料在凸、凹模刃口处形成初始塌角，这时材料内部应力尚未超过弹性极限，当外力去除后，材料能恢复原状。此阶段称为弹性变形阶段		初始塌角，永久性塌角
第二阶段	塑性变形、外力作用超出材料的强度极限，产生断裂纹，当凸模继续压入，压力增加，材料内部的应力也随之加大，在材料内的应力达到屈服极限时便开始进入塑性变形阶段。在这一阶段中随着凸模挤入材料的深度逐渐增加，材料的塑性变形程序也逐渐增大。由于刃口处间隙的存在，材料内部的拉应力及弯矩也都增大，使变形区材料硬化加剧，直到刃口附近的材料，由于拉应力及应力集中的作用开始出现微裂纹，此时，冲裁变形力也达到最大值。微裂纹的出现说明材料开始破坏，塑性变形阶段也告结束		产生与板料垂直的光亮带及初始毛刺
第三阶段	断裂分离阶段微裂纹不断向材料内扩展延伸、重合，材料断裂分离。凸模继续下降，已产生的上、下微裂纹不断扩大并向材料内部延伸，当上、下裂纹相遇重合时，开始分离产生粗糙的断裂带，当凸模再往下降，将冲落部分挤出凹模洞口，至此，凸模回升完成整个冲裁过程		产生粗糙而带有锥度的断裂带毛刺初拉长

六、典型首饰件的冲压制作过程

下面以典型的戒指柄为例来说明冲压过程,这种戒指柄广泛用于单粒宝石戒指上。材料采用14K方形金条,这种合金具有很好的冲压性能,容易加工。先要制作方形金条的冲裁模具(图8-25)。在模具壁涂上润滑油,要注意合适的涂刷量,仅留下一层干的油膜。涂刷过多时油会流进型腔中,使轮廓不清晰。按上述模具制作好后,将模具装配到压力机的模座上(图8-26)。模具位于冲头的下方,调整模具的高度,将冲压金属板放在压型上,启动冲压操作,材料被冲进了型腔中,得到了要求的金属方条。冲压过程中工艺参数的设定,对冲压件的质量和模具的使用寿命影响很大。

图8-25　戒柄用方形金条模具(据Klotz F,2003)

图8-26　模具组装(据Klotz F,2003)

如果使用的压力过大,金属片被过度冲击,模具容易在底部开裂,或型壁产生崩塌,严重时甚至犹如楔子一样,会将模具劈成两半。另外金属片的量也很重要,如果加入材料量过多,工件会产生披锋。为使材料能继续加工,要使用裁边器,将披锋去掉。而加入的材料量不够时,又不能充满模具,冲压件不能成型。

工作过程中要注意加强裁边器的维护保养,它对工件外形合格、稳定与否非常重要。如果裁边器的切板太尖锐了,则开口会增大,在裁边区引起台阶。相反,如果太紧了又会切到工件,形成平坦的侧边而与设计不符。

冲裁得到平直方形金属条后,要在最终模具中冲压出所需的外形尺寸,才能形成所需的戒指柄。在整圆戒指柄前,需要先处理两个端部,使其能安放镶口(图8-27、图8-28),对四爪镶口,戒指柄末端切成90°角,而对六爪镶口,戒柄末端则切成60°角。

图8-27　对四爪镶口,戒柄末端切成90°角
（据Klotz F,2003）

图8-28　对六爪镶口,戒柄末端切成60°角
（据Klotz F,2003）

戒指柄末端斜口的制作一般有3种方法：一种简便的方法是用冲头和金属板錾出，但是錾切镶口的质量比较差一些。另一种方法是在水平磨床上磨削出镶口位，将戒指柄装在夹具上，磨轮运转即可以进行准确整洁的磨切，这是一种较好的方法。第三种方法是将戒指柄末端弯成吊钩形状（图8-29），然后装夹和磨削，它与第二种方法相似，但可以避免弯曲时将戒指柄末端的镶口位弄变形，因为镶口位的准确性，对能否重复操作很重要。采用后面两种加工方法时，要注意磨削的角度，这对保证镶口位与镶口的精确配合十分重要，要做到两者之间没有缝隙。

整圆是由一系列的弯曲步骤组成的，操作时要注意保护戒柄的末端，这个位置直接关系到镶口的配合情况。整圆的方法很简单，用两个半圆钢凹模就可以做到，有时为避免在工件上形成深的印痕，会在第一个钢凹模上接触工件的部位嵌入塑料块（图8-30）。在第二个钢凹模中，形成最终的弯曲形状。

图8-29 弯曲戒柄末端（据Klotz F，2003）

图8-30 整圆戒柄（据Klotz F，2003）

将整个戒指整圆后进行执模（图8-31），然后在镶口位焊上镶口，再按通常的镶石、抛光、电镀等工艺流程，完成整件首饰品的加工（图8-32）。

图8-31 整圆抛光后的戒柄
（据Klotz F，2003）

图8-32 组合后的戒指
（据Klotz F，2003）

七、冲压首饰件常见质量问题

1. 铸锭或连铸坯出现的缺陷

(1)中心缩松和缩孔。铸锭顶部出现的缩凹是凝固收缩的结果，铸锭在随后加工时(锻压或轧制)会使加工的板、条或线沿中心线缺陷分裂开来，特别是当缩凹表面产生了氧化时，更容易出现此问题，这种缺陷又称为鳄式开裂。为避免此缺陷，在加工前应将缩凹的部分裁掉，内部缩孔应焊合，一般内侧表面清洁、没有氧化物时，是可以焊合消除的。

(2)起泡。板材、带材表面起泡可能是由铸锭内的气孔或退火时由铸锭与大气反应引起的，一般可以通过控制铸造或退火条件来避免此问题。例如，加强熔炼过程中的脱氧，减少金属液吸气和氧化，控制退火温度，避免使用富氢的退火气氛等。

(3)夹杂。铸锭中的夹杂物是不可分解的颗粒，如氧化物和硅酸盐，这些物质会引起加工时出现裂纹。夹杂物的来源有多个方面，要减少夹杂物，必须定期检查坩埚和炉衬的状况，工作环境的清洁状况，熔炼时考虑到可能发生的反应等。

(4)污染。金属受到污染后可能引起加工时出现脆性或裂纹，在回用料、焊料中带入微量的铅就会使合金材料受到污染，其他的脆性污染物包括硅、硫和其他低熔点金属，要注意回用料的管理，成分不明确的材料不能随便使用，要先进行分析，检查有无这样的杂质。

(5)表面质量。终产品的表面质量，取决于初始铸锭的表面质量。初始铸锭表面有氧化物时，在加工前要用酸浸除去，因为这些氧化物被压进轧材表面后，再要去除就非常困难了。在锭模中使用过多的机油或助熔剂，随金属液大量进入锭模时，会使铸锭表面出现大的凹陷，应在锭模壁刷上一层连续的薄油膜，在浇注前将过多的溶剂除掉。浇注时，如金属液溅到锭模壁上，表面产生氧化会形成金属豆，它与金属本体没有很好地熔合在一起，加工时会在氧化表面产生剥离，导致表面不平坦。

在加工前要先检查铸锭表面，必要时进行修锉，使表面平整，没有凹陷，没有金属豆，并将嵌入金属表面的颗粒除去。

2. 轧制板材、带材和片材时出现的缺陷

(1)终产品轧辊质量差。终产品轧辊表面有划痕或局部损坏时，会恶化轧材的表面质量。终产品轧辊的直径要小，高度抛光或电镀处理达到镜面效果，生产过程中要经常擦拭轧辊表面，防止灰尘和其他颗粒沉积，擦伤轧辊或轧入带材表面，轧辊不用时要盖好，以保护表面。

(2)轧辊没有校直。轧辊没有校直时，如果是轧制较厚的带材，则会使其向一边弯曲，如果带材较薄，则会在一边产生锯齿状边缘。要调整轧辊的螺丝，使其间隙平直。

(3)轧辊弯曲。轧辊在轧制压力作用下，如产生弯曲，则会导致带材截面厚度不均匀或在两边产生锯齿状边缘。要减少每次轧制的量，增加中间退火的次数，以减少轧制力。也可采用4个轧辊，小直径的轧辊分别由大直径的轧辊支撑，这样有利于提高轧辊抵抗弯曲的能力。

(4)边缘裂纹。通常由两次退火间加工量过大引起，当出现边缘裂纹时，要及时修整。因进一步轧制时，某些裂纹可能会突然扩展到带材中心，引起产品的报废。

(5)厚度控制。轧制操作时，必须注意保证轧材沿长宽方向的厚度都均匀，厚度的变化会引起随后板材成型过程中轧制力的变化，从而增加废品率，工具的磨损和损坏也会加剧。

3. 轧制棒材时出现的缺陷

主要有飞边和堆叠。飞边是由将过多的金属推入轧辊间隙引起的,即试图一次缩减量过大,以至轧辊被撑开,过多的金属被挤往两边而形成飞边。如果飞边随后被轧进棒材中,它们就会堆叠,形成薄弱面,在后面的工序中,就容易在此处裂开,尤其是在扭曲或弯曲时,更容易出现裂纹。采用合适的一次缩减量,轧制时依次转90°,将有利于防止此缺陷。

4. 拉线时出现的缺陷

拉线中最常见的缺陷是断裂或缩颈,有4种可能的原因。

(1)拉拔量过大,需要中间退火。

(2)在线材上出现夹杂,成为其中的薄弱点。

(3)每次拉拔量过大,对于大直径的棒材,依据材料的延展性,每次的截面缩减量可能在25%~45%,但随着直径的减小,应将缩减量降低到15%~20%。

(4)当拉拔过程中出现润滑中断时,会增大线材与线槽之间的摩擦力,使每次允许的加工量进一步降低。

01
冲(油)压工艺视频
(无声)

5. 退火缺陷

若工件退火时间太久或退火温度过高,或二者兼而有之,会导致晶粒过大,使工件变形时形成橘皮表面,难以抛光到合格的状态。

第九章 电铸工艺

电铸工艺是一种电沉积成型技术,也是首饰加工制作行业中引进的一项新的工艺技术,于20世纪60年代起源于美国,1984年在瑞士巴塞尔珠宝首饰展览会中首次推出,包括18K金电成型技术和电成型首饰。电铸工艺通过电解作用,将金、银、铜等金属或合金沉积到模型表面,随后除去模型而形成具有体积大、质量轻的空心薄壁首饰产品,它弥补了熔模(失蜡)铸造不能生产出壁薄铸件的缺点,也解决了机械冲压不能制造体积大及细部轮廓清晰的首饰产品的缺陷。与熔模(失蜡)铸造相比,具有很薄的金属层,在同样的体积下,大大地减轻了产品的重量,从而有效地降低了产品的成本,提高了首饰产品的竞争力。利用这种技术,还可以制造出特殊的流行弯曲系列首饰,以及表面无痕迹的各种新型款式的首饰。

电铸技术是利用多种化学成分的合成、设备动作快慢、温度高低、电流大小、铸件面积大小等参数的综合作用,完成对空心首饰产品的制作。所以,在生产作业的技术操作过程中,不同于其他手工作业工艺,要严格按照技术参数的指导及结合生产实践经验,本着一丝不苟、严谨科学的工作态度,才能在生产工作中提高操作水平,生产出合格品率高的电铸首饰产品。

典型的电铸工艺过程,主要由雕模、复模、注蜡模、执蜡模、涂油、电铸、执省、除蜡、打磨等相互交叉的生产工序组成。

第一节 电解铸造的工作原理

一、电解铸造的工作原理

电解铸造的工作原理是将经过表面处理后可以导电的模型,置于含有金属离子等组成的电解液中,在电场的作用下,金属按一定比值沉积到工件表面形成所需形态的过程。

二、电解铸造技术的基本构造

电解铸造的基本结构可以分为四个部分:包括电源、电解槽、回路、辅助机构及试剂(图9-1)。

(1)电源。把220V的电源,通过整流设备转换成直流电源。在电解槽中设置阴极和阳极。

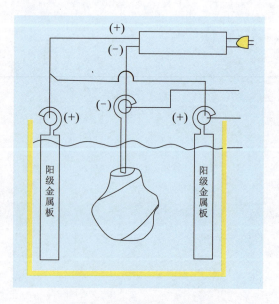

图9-1 电解铸造结构示意图

(2)电解槽。选用釉槽、PVC槽等耐腐蚀的容器。

(3)回路。需电解铸造的工件连接在阴极,阳极连接电解液中所需金属离子的金属板,在电解槽中形成回路。

(4)辅助机构及试剂。为调制电解液需要过滤器、混合机,以及各种金属盐类试剂、酸、碱等化学药品。

第二节 蜡模制作

蜡模制作是在蜡料上实现设计,通过雕制模版、复模、注蜡模、执蜡模等操作步骤而实现。做大工件时,也可采用泥雕模版,而后再复制成硅胶模、蜡模。

一、雕制模版

雕制蜡模通常选用首饰蜡作为原料,采用高浮雕、薄浮雕、透雕、线刻等技法雕刻成蜡模版。

1. 主要工具

吊机、电吹风机、电烙铁、台灯、各种规格雕刻刀、游标卡尺、划规、各种形状和规格的锉刀、角尺、镊子等。

2. 主要材料

首饰蜡、精雕硬油泥、木结土、石膏粉、汽油、砂纸等。

3. 工艺设计

设计是针对客户的要求,构思出理想的图案。同时要考虑题材和主题的主次,加工工序及电铸工艺的难易程度,工件加工后的理想体积、质量等因素,从而满足客户对人物、植物、动物、风景等首饰和工艺美术品的要求。

4. 初坯雕刻

初坯雕刻工艺是按照设计图的要求和工艺条件,利用雕刻工具将蜡料雕刻出一定的造型,以确定其基本形体,这是雕刻过程中的初坯,其基本原则如下。

(1)见面留棱,以方代圆。"见面留棱"是工艺雕刻的一个步骤。在雕琢时,应先把被雕物体看成几何体,通过把几何体不断地刻削,由大的块面分割成接近最小形体的小块面。比如,雕刻人物头部,可以把人头看成长方体,然后再按头脸的块面结构进行分割小面。

(2)打虚留实。在雕刻过程中,常见一些人体中被衣裙衬出凸起的部位,就是实处,往往是高点。相反,有些凹下的部位被埋在衣服内,这就是虚处。实处应少动或不动,而虚处才是加工重点,使实处凸显出来,因此称之为打虚留实。

(3)先浅后深。主要是在刻画产品的细部时,要在平面上刻画出立体形象的大致轮廓和结构。当检查比例和形体准确后,方能向纵深推进。

(4)留料备镂。在相应位置留好部分余料,以留出进一步修改的余地。

(5)颈短肩高。这也是一种留料备镂的方法。

5. 细工雕刻,精细修饰

细工雕刻是在初坯雕刻之后,解决前面工序中存在的各种不足,并使蜡模表面平整、光洁。它们的主要工艺手法包括：勾细样、精细定位与修整、精细修饰。

（1）勾细样。即在初坯件上勾画更精细的轮廓。如人物的眼、手、耳、足；花卉的花瓣、枝叶等。

（2）精细定位与修整。勾细样完成后，即可纵深推进，对坯件的细部进行精修细刻，并对装饰线进行修饰。

（3）精细修饰。主要是对一些前工序遗漏的不足进行检查、修补。蜡模修饰后再用汽油洗去表面的残留物，一个完整的蜡模即告完工。

6. 雕刻技法

雕刻的技法通常主要包括以下几类。

（1）立体圆雕。目前大部分蜡模制作采用立体圆雕的技法，圆雕要求正、反两面都要进行精细的雕刻，而浮雕则只需雕一面。

（2）高浮雕。高浮雕形体较厚，从最厚到最薄的点之间距离相对较大，有些接近圆雕的厚度。而这种高浮雕又常常配以浅浮雕为背景衬托主题，使远景和近景对比明显。

（3）浅浮雕。其最厚点和最低点之间距离相对较小，起伏不大，立体感不明显。

（4）线刻。用线的方式表现形象，线刻分阴刻和阳刻两种。阴刻是指在平面上刻有沟槽，表现出图案的特征。而阳刻则是用凸起的棱线，表现出图案的特征，它的加工工艺过程是将有线的部位保留，而其余部分用刻刀铲低，以突出线条部分。

（5）透雕（镂空雕）。将某些图案的"底子"或背景用刻刀雕琢镂空，使形体出现玲珑剔透的效果。在表现手法上，有用散点透视，也有用焦点透视的。

二、复模、剖模

上述雕刻合格的蜡模（或称蜡样板）在批量生产中称之为样版。为了达到批量生产的目的，要用样版复制成胶模。

1. 主要设备、工具

抽真空振动机、塑料桶盆若干、旋转圆盘、平铲、毛笔、手套。

2. 主要材料

1300型进口硅胶、627型国产胶、催干剂、废砂纸。

3. 操作工艺要点

用废砂纸根据样版的大小卷成筒状，用钉书机钉好，将样版放在纤维板上定位，再用卷好的砂纸固定在样版的外面。将硅胶和催干剂倒入胶盆，充分搅拌均匀。硅胶与催干剂比例为10:1。搅拌时间：627型胶为15~25min、1300型硅胶为30~45min。样版与砂纸筒之间，需留有一定的距离，一般为7mm以上，但不必过厚，避免增加硅胶的用量。把砂纸筒固定在玻璃平面上，将搅拌混合均匀的硅胶先抽真空，然后再注入砂纸筒（图9-2），再抽真空，一般是先注入1/2，经抽真空机抽真空后，再依据

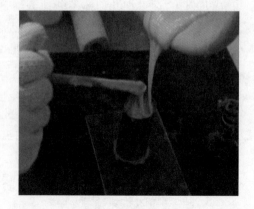

图9-2 复胶模

实际情况注胶。注满硅胶后,再放入抽真空机抽真空,将最后抽真空的砂纸筒放置在适当、平稳的地方。国产硅胶一般5h左右可自然晾干,进口硅胶则需8~12h才会自然晾干。

上述为一般的复模方法,大件产品的复模则有所不同。大件产品采用硅胶复模材料消耗量大,成本高,且由于体积大难以抽真空,质量难以保证。因此,通常采用在模版上先涂胶,然后再复石膏模的方法。

将模版固定在圆盘上,将调配好的硅胶用毛刷涂在模版上,仔细检查表面有无漏涂,有无气泡产生。发现气泡,应将其及时处理掉。第一层合格后,再重复刷两次,厚度达3~5mm(视模版大小而定)。用油泥将较大的凹位、窿位填平。再用适量水调配好石膏浆,用平铲及手(戴胶手套)刮、抹石膏泥于模版上,厚度约20~30mm(视模版大小而定)。刮、抹时要视模版的形状复杂程度,分解为几个部分制作,简单的分成两块,复杂的分成3~4块或若干块,以便于取出胶模、模版为标准。制作好一块石膏模体外层后,须在外围抹上地板蜡,再制作另一块,不能使其黏合在一起,要便于分解。整个复模工作结束后,需自然晾干。用胶锤敲击石膏层即分解,再用手术刀在适当位置割开硅胶层,取出模版。将割好的胶模合拢,用石膏分解模将胶模合拢、固定,用胶线、胶纸将其绑牢,大件复模工作即告完成。

割模时要选择易于修复的部位,使得注出的蜡模易于执(刮)版。如人物、动物的雕像割模时,应尽量不要通过五官部位。割模后检查胶模质量,看是否有气泡,胶模嵌合起来是否密合。

三、注蜡模

用胶模注蜡,为批量生产制作各种各样的蜡模的工艺过程,称为注蜡模。

1. 主要设备和工具

电加热缸、电烤炉、抽真空振动机、镊子、铁勺、空气压缩机、胶模。

2. 主要材料

13360型首饰蜡。

3. 操作工艺要点

用压缩空气吹去胶模内的杂质,将胶模放入电烤炉中预热5min,使胶模的温度达到60~65℃,除去水汽(可减少注蜡时气泡的产生)。从烤炉中取出胶模,合拢胶模,并使接口完全密合,用橡皮筋绑好。用铁勺盛电加热缸内的蜡水,浇入密闭的胶模中(图9-3),再放入抽真空振动机内抽真空1~2min,取出补蜡,再抽空1~2min。注蜡、补蜡、抽真空工作完成后,将胶模放置工作台上自然冷却,待其注蜡口处凝固后,将胶模立于盛有冷水的塑料盆中,以加速蜡的凝固,凝固时间根据蜡的体积而定,一般在30min以上,有时需长达1d。在胶模内的蜡模完全固结后,松开橡皮筋、胶带纸,掰开胶模,取出成型的蜡模。

图9-3 注蜡

蜡模的冷却过程不能太急,不能直接用冷水加速凝固,防止蜡模出现收缩现象。蜡模在没有完全凝固前,不能斜放。胶模合拢要仔细查看密合状况,避免发生错位,而导致注出的蜡模出现披锋,从而增加执蜡模的难度或废品率。

四、执蜡模

将注蜡成型的蜡模进行修饰,弥补缺陷,使其表面美观,达到设计要求的工艺过程,称为执蜡模。执模后的蜡模表面应光滑、无杂质,符合电铸工艺技术要求。在执蜡模过程中发现个别的蜡版需要重新修改,则需返工至雕蜡版工序。

1. 主要工具

雕刻刀、刮蜡刀、手术刀、电烙铁、台灯、镊子、汽油、酒精灯、毛笔等。

2. 执蜡版

对注好的蜡模进行修饰以达到符合电铸工艺生产技术要求的蜡版。用蜡(首)版复制胶模,批量大时需按照蜡版→银版→胶模的工艺过程进行操作。

3. 刮蜡(执蜡)模

参照首版,用刮蜡刀或手术刀将蜡模上的披锋、蜡痕、水口等刮掉,并使整个蜡模表面美观、光滑(图9-4)。用电烙铁点蜡将蜡模上的小孔和其他缺陷补上,或将几个蜡配件连接在一起。用汽油擦洗蜡模表面,使之光洁、平滑(图9-5)。

图9-4 执蜡

图9-5 清洗蜡模

4. 打字印

在准备电铸的蜡模上标记成色、字号等。打字印的位置,不能影响美观,也不能与后处理预留孔和插挂针的位置冲突。用汽油将字印冲模清理干净,然后再在蜡模上打字印。打字印时手不能用力太大以防蜡模变形,手法要正确(图9-6)。打好字印后用汽油将字印冲模清理干净,然后在下一个蜡模上打字印,打好字印后,应仔细检查字印处有无毛刺,如有则需用手术刀轻轻刮修,或用汽油棉球擦拭以保持表面干净、无尘。注意汽油不能在蜡模字印处停留时间过长,要迅速风干,否则字印会变淡,从而影响字印的效果。

图9-6 打字印

第三节 空心电铸

空心电铸是在蜡模的基础上,经过涂银油(导电层)、电铸工艺,完成对首饰摆件(包括足金、K金、银、铜)的空心电铸成型过程。做大件及有特殊要求的工件时,还要通过电镀工艺对其表面加工处理。

一、安插挂杆

为了便于落电铸缸电铸,需在蜡模上安插挂杆,从而达到固定和导电作用。

1. 主要工具

形状不一的挂杆、电烙铁、酒精灯、手术刀。

2. 操作工艺要点

将钻头安装在吊机上,然后在蜡模底座中间的合适位置钻孔,将适合的铁挂杆插入所钻的孔中,再用电烙铁点蜡,在插杆部位用蜡封好、封紧,刮平封口蜡(图9-7)。或选用正确的挂

图9-7 安插挂杆

杆,用酒精灯烧热,直接插入蜡模底座中间适合的位置,再用电烙铁点蜡,在插杆部位用蜡封好、封紧,以防止蜡模在铸缸中电铸时脱落,再刮平封口蜡。

二、涂银油(导电层)

因蜡模不是导电体,所以要在蜡模表面涂上均匀的银油,银油在自然晾干的过程中,溶剂中的丙酮挥发,蜡模表面即形成了一层很薄的导电层,从而为落电铸缸电铸做好准备。

1. 主要设备和工具

电冰箱、磁力旋转机、手术刀、毛笔、烧杯、不同型号钻头、圆规。

2. 主要材料

200#银油、4-甲基-2-戊酮($C_6H_{12}O$)。

3. 操作工艺要点

为了除去银油中较粗的物质,需用一个较密的筛子过滤银油,然后把300ml左右的银油倒入装有磁铁的烧杯,放在磁力旋转机正中区,磁力旋转机通电后,杯中的磁铁作快速旋转运动,起到搅拌的作用,保持银油处于均匀状态,且表面不易结垢。如杯中的银油趋于稠密,则需适量添加一些甲酮稀释。用毛笔蘸银油,均匀地涂在蜡模表面(图9-8)。银油需覆盖蜡模与铁挂杆相接处,铁杆上所涂的银油不应过高,以3mm为宜。在室温下,银油会氧化、积尘。因此,银油的保存,需放置在电冰箱内。银油应保持一定的浓度,通常以银油涂在蜡样上表面呈光滑、洁白为佳。毛笔要经常用银浆稀释剂清洗,以免出现黏结现象。

05 涂银油视频(无声)

图9-8 涂银油

三、开预留孔

为了除蜡、除银油,保证摆件中金的纯度,必须为后处理开设预留孔,这样可以避免制成成品后再开孔,既损失金,又会增加成品的报废率。开预留孔时,要注意以下两点:一是不影响美观,预留孔要开在较隐蔽的位置;二是数量、大小要适宜。因此,开预留孔操作,要与雕蜡、打字印、插杆和后处理等各工序相协调和配合。

四、落缸前准备

1. 检查、修理蜡模

检查蜡模上是否存在有漏涂银油、出现小银珠等现象,若存在应及时修补,否则将导致铸件出缸后,铸件表面出现孔洞和结珠等问题。

2. 称重

(1)主要工具。电子秤、塑料方盘若干。

(2)操作要点。调校电子秤,使电子秤处于稳定适用状态。将蜡模加铁挂杆后,放在电子秤上称重,并将数据记录在相应的"生产记录表"中(图9-9)。

图9-9 称重

3. 检查、修正电铸液和设备指标

工件开始电铸前,需按"添加剂的作用及添加标准""电铸技术(参数)要点""铸缸金银存量标准"等技术文件,认真检查各项技术指标,如有指标不符合技术要求,应及时修正指标,只有全部达到生产技术指标要求时,才能进行工件的电铸。否则,不合格率或废品率将会增加。

4. 各项技术指标的修正方法

(1)金盐(氰化金钾)的补充方法。当金盐在电铸液中不足时,电铸层结晶较细,但阴极效率下降,允许的阴极电流密度上限下降,电铸层易烧焦,有时则呈现电铸层色泽较浅。提高电铸液中的金盐含量,则允许电流密度上限上升,电流效率高,有利于电铸层的光泽。但是,当电铸液中的金盐含量过高时,电铸层粗糙,色泽易变暗、发红。

每电铸1g纯金,需加1.47g氰化金钾(含金量68.3%)及1mL用于电铸的金补充剂。通常情况下,电铸液的含金量保持在20g/L为佳。

例:一个电铸缸内,需电铸"寿星"摆件20个,每个摆件上铸黄金11g。则电铸缸内金盐的补充量=(20×11)÷0.683=322.1g(金盐)

1L纯水可以溶解500g金盐。先将金盐放入烧杯中,然后加入90℃适量纯水,搅拌至完全溶解。将溶解后的金盐溶液均匀地倒入铸缸。用纯水清洗烧杯,清洗液倒入电铸缸。

(2)补充剂添加方法。补充剂的添加方法包括以下两种。

方法一：一次入缸工件量小时，适用此方法。

按金盐的补充量来决定所添加补充剂的量，即每支金盐(500g)需添加补充剂341mL。补充剂分两次向电铸液内添加，补充金盐时添加所需补充剂量的1/2，电铸中再添加1/2。分两次添加补充剂，可使电铸液更加均匀，上铸速度趋于平均，有利于计算起缸的时间。

方法二：连续入缸工件量大时，适用此方法。

补充剂添加的量是根据上铸金重而决定的，即每上铸1g金添加0.7mL补充剂。补充剂通常也是分两次添加，落缸前添加预计补充剂所需量的1/2。铸件出缸后将实际上铸金质量减去已添加补充剂质量，即为出缸后补充剂的再次添加量。

例：铸件的预定上铸金重为100g，在落缸电铸前，需添加补充剂50mL，出缸后实际上铸金量为102g，则出缸后补充剂的再次添加量应为：(102－50)=52(mL)。

(3)铸液密度。在工业生产中通常用波美度来表示溶液的密度。波美度是表示溶液浓度的一种方法，以法国化学家波美(Antoine Baume)命名。通常情况下，把波美密度计浸入所测溶液中，得到的读数即为该溶液的波美度。波美度与密度的关系可以用以下等式表示：波美度$=C－C\div D$。其中，C为常数144.3，D为密度。

如：纯水的波美度是0°Be'。如电铸缸内电铸液的密度比水大10%，则电铸液的波美度为13°Be'。

测量铸液密度：将密度计用纯水清洗干净，把密度计放入电铸液中，待稳定后读取密度计上的数据，并记录。密度计每次使用后，需用纯水清洗。正常生产过程中，要求电铸液的密度应保持在10～20波美度，开缸时以10波美度最佳。不同公司出产的电铸液配方不同，对波美度的要求会略有所差异。绒沙工件对电铸液的密度要求较高，如波美度过高，则会影响绒毛效果，此时需用纯水稀释调整电铸液的波美度。

(4)温度。温度是影响电流密度范围和货品外观的重要因素之一。

升高温度能加大允许的阴极电流密度范围，但温度过高会使电铸层粗糙，尤其是顶端易发红，严重时发暗、发黑、变形或开裂。温度低时，阴极电流密度范围缩小，电铸层易发脆，用火烧时会起泡。因此，在生产工艺操作过程中，不能忽视温度对电铸层的影响。由于不同供应商的电铸液配方不同，对温度的要求也会有所不同。

(5)pH值。电铸溶液中的pH值是一个常用的质量控制指标，准确测定和调整溶液的pH值，是确保电铸工件质量的关键。pH值偏高时，铸件会出现砂孔、粗点；pH值偏低时，则易导致铸件上的凹位处无金沙，颜色暗红。pH值偏高或偏低，电铸层的硬度都会有所下降。

测定电铸液pH值的方法，主要有试纸法和测定仪法。用pH试纸测定电铸溶液的pH值时，将试纸一端浸入待测试的溶液中，5s后取出试纸，并与标准的色版进行比较，即可测知溶液的pH值范围。该法使用简便，适用于现场监测，但准确性较差。

为了准确测定电铸液的pH值，通常采用测定仪进行检测。具体操作方法是：接通电源，按测试开关，检查测定仪是否正常。

将测定仪试管放入铸缸中(溶液液面下2.5cm)，约3～5min，即可测定pH值，记录数字。测试工作结束，关闭电源，清洗试管。

若pH值高时，可往电铸液中加入适量的调酸液。

若pH值低时，可用浓度为10%的氢氧化钾溶液调整。

(6)电流密度的测定。电流密度是电铸时的操作变化因素之一,任何电铸液都有一个获得良好电铸层的电流密度范围。一般来说,当阴极电流密度过低时,阴极极化作用小,电铸层的结晶晶粒较粗,因此,在生产中很少使用过低的阴极电流密度。随着阴极电流密度的增大,阴极的极化作用也随之增加,电铸层的结晶也随之变得细致紧密。但在阴极上的电流密度不能过大,不能超过允许的上限值,若超过允许的上限值,由于阴极附近严重缺乏金属离子的缘故,在阴极的尖端和突出处,会出现形状如树枝般的金属镀层,或者在整个阴极表面上产生形状如海绵的疏松铸层。所以,电流密度的大小,对电铸产品质量的优劣影响很大。

电流密度的测定公式:电流密度=电流÷蜡模的表面积　(单位:A/dm^2)

蜡模表面积的测量:将注蜡成型的蜡样贴满胶纸,胶纸不能重叠。扯下胶纸,贴在方格纸上计算面积。将落缸电铸的蜡模表面积加总求和并记录。把每次测量的面积按蜡模编号,分类登记在汇总表中以备重复生产时查用。

(7)电流密度的调整。在电铸生产过程中,电流密度的调节主要是通过调整电流的大小来实现的。

例:铸缸里蜡模面积是$10.56dm^2$,希望的电流密度为$0.45A/dm^2$,则调节电流为4.747A。计算公式:10.56×0.45=4.747(A)。

电流密度影响电铸件的一般规律如下:一般水沙工件电流密度为$0.4\sim0.8A/dm^2$;一般绒沙工件电流密度为$0.25\sim0.6A/dm^2$;一般银工件电流密度为$0.5\sim1.0A/dm^2$。

电流密度过低,则绒沙货表面的绒毛不明显,镀层较平滑;水沙货表面则不够光滑,出现金珠,电铸层色泽较暗淡,无光泽。电流密度过高,则电铸层松软、发暗、粗糙,严重时略带脆性,还有可能出现其他金属杂质沉积,铸件表面常见褐色或黑色。生产过程中要密切注意观察电流情况,核查各项工艺参数,电流密度超出要求范围时,应及时采取措施调整。

(8)清洁铸液。各种杂质混入,都会影响电铸层的结构、外观、可焊性、电铸液的导电性等。金属类杂质混入时,极难除去。在电铸液中,如含有少量的钠离子容易使阳极钝化,时间久了,电铸液也易变成褐色。因此,在生产过程中要认真管理,并做好电铸液的清洁工作。清洁电铸液,一是要采用过滤泵,保持日常性过滤,纯净铸液,定期更换滤芯;二是要防止工作场地的灰尘、杂质,落入铸缸,小小的杂质、尘埃便是质量的隐患;三是要注意纯水机的维护,严禁补加和使用不达标的纯水;四是要半年或定期用活性炭芯,将电铸液过滤一次。

四、落缸电铸

电铸的原理与电镀的原理一样,是一个电化学过程,同时也是个氧化还原的过程。电镀是以基体与镀层结合牢固达到防护、装饰为目的。而电铸则要求电铸层与芯模分离,电铸层形成一个独立的金属体(图9-10)。

图9-10　落缸电铸

1. 蜡模落缸

蜡模落缸前要用纯水清洗表面,除去蜡模表面的灰尘,否则铸件可能会因灰尘而出现穿孔现象。蜡模凹位较多的位置,需朝向铸缸内的金属网,这样可保证凹位处上铸的速度,且保持电铸层的均匀。否则,凹位处上铸速度缓慢,起缸后铸层薄,在打磨、除蜡后可能出现穿孔现象。

2. 观察与处理

电铸操作开始时,要加强观察和搅拌,以免气泡黏附于蜡模表面,影响电铸层的完整性,避免出现穿孔现象。处理时将蜡模及挂杆在阴极板上拿下来,在电铸液中划动,这样可以将蜡模上的气泡清除。

3. 中途起缸与落缸情况的处理

电铸过程中,如遇到中途停电、补银浆等特殊情况,一定要将工件起缸,泡在纯水中。如停留时间过长再下缸时,一定要清洗,并做电解除油,防止电铸层形成夹层,遇高温而起泡。

4. 称重与计算上铸速度

为了控制上铸速度、上铸金重,需对铸件在电铸过程中进行称重。称重次数,视具体情况而定,一般1~2次。落缸后4~7h左右可进行一次称重,一般铸件电铸时间需数小时。

称重:将铸件从铸缸中取出,用纯水清洗,然后放在已调好的电子秤上称重,读取数字并记入相应的"生产记录表"上。在称重时,发现绒沙货有漏涂银油或出现金珠现象时,要用手术刀刮去金珠,漏涂银油处应及时补涂银油,然后再落缸电铸。

计算上铸速度,预算起缸时间:

预计质量=入铸质量+要求质量

上铸质量=称重质量-入铸质量

上铸速度=上铸金重/电铸时间　(单位:g/h)

需上铸时间(起缸时间)=(预计质量-已上铸质量)/上铸速度

例:一件货品的入铸质量为36.6g,要求电铸的金重(净金重)为30g,落缸6h后取出称重,质量为45.4g。

解:预计质量:36.6+30=66.6g

上铸质量:45.4-36.6=8.8g

上铸速度:8.8÷6≈1.47g/h

需再次上铸时间:(30-8.8)÷1.47≈14.4h

08
落缸电铸视频

在预计的起缸时间,将铸件取出称重,质量达到要求范围,即可起缸,清洗晾干后称质量,从铸件上取下挂杆,登记后交下道工序操作。

第四节　表面处理

表面处理是对从铸缸中取出的铸件进行执省、除蜡、除银油、蘸酸、烘烤、喷砂、打磨、浸保护剂等工作。

一、执省

将铸件表面作初步处理,去除毛刺(多用于水沙工件)。

1. 主要工具

吊机、火枪一套、平锉、半圆锉、砂纸、尖嘴钳、平口钳等。

2. 操作工艺要点

对铸件表面(水沙工件)进行车沙、省砂纸、修理等操作(图9-11)。

图9-11 执省

二、除蜡、除银油

除掉铸件体内的蜡、银浆(导电层),使铸件自成一个完整的金属体,即空心、多层首饰工艺品铸件。

1. 主要设备、工具

超声波清洗机(溢流式的)、除蜡机、电焗炉、汉林煲、火枪、镊子、网筛(塑胶)、空压气枪、铁盘、不锈钢筛盘等。

2. 主要材料

除蜡水、硝酸。

3. 操作工艺要点

(1)除蜡。首先将工件放入温度100~150℃的电阻炉内的不锈钢筛盘中,筛盘下面有接蜡的铁盘,烘20~30min,将工件中的蜡烤出(蜡过滤后,可回收再用)。趁热取出工件,取的时候轻轻甩一下,将没烤出的蜡倒出,用塑料袋包好,留出预留孔,放入塑胶筛网中,在超声波除蜡机中去除余蜡,除完蜡之后取出工件倒出里面的水。将除蜡水放入除蜡机中(除蜡水与水的比例为1∶20),调节温度,使除蜡水高于蜡的熔点(80~100℃)或沸腾。将铸件放入除蜡机中(工件量少时可用电饭煲)除蜡,工作时间约5~10min。绒沙工件用棉纱布保护及用棉纱布带吊着放入除蜡机,用筷子(需用棉布包起来)夹起铸件进行倒蜡,让蜡水从铸件底孔处流出。循环往复,直至铸件体内流出的水清澈为止(图9-12)。把铸件放入超声波清洗机内清洗,清除残余的污垢,清洗时间3~5min。用自来水清洗铸件表面,用空压气枪吹干铸件内、外的水珠,放在工作台上自然晾干。

如果电铸件的厚度要求很薄,为了避免打磨时工件变形。因此,对于电铸绒沙工件要先打磨,后除蜡,而水沙工件则可以先除蜡,后打磨。除蜡后的绒沙工件要用火枪烧,水沙工件入电阻炉。在处理绒沙工件过程中,要特别小心。不能使绒沙工件碰撞任何物件,稍有碰撞,形成的缺陷将无法弥补。放置绒沙工件时,要用布垫着,各摆其位,不能重叠。

图9-12 除蜡

对电铸的银工件,在除蜡后放入300~400℃的电阻炉内烧30min,作用是将残留在银工件上的蜡油、除蜡水烧掉,消除内应力。颜色较暗时要在明矾水中煮,或者用火枪烧(火力不能太猛,银工件不能烧红,否则会引起银层的破裂),其作用是把残留在银工件上的蜡、油、除蜡水烧掉,并使它的颜色变白,形成一层钝化膜,使银表面增强抗氧化能力。

(2)除银油。清除(金工件)电铸前涂上的银油(导电层)。

操作工艺要点:将浓度为65%~68%的浓硝酸倒入汉林煲中,并放在电炉上加热,硝酸加热至沸点时,把准备好的铸件放入硝酸中煮,工作时间视铸件的大小、银油的厚度而定,一般煮45~60min,至不冒黄烟为止,即可将工件内的银油除去(图9-13)。在煮的过程中,要用玻璃棒轻轻搅动工件几次,促进银油与硝酸的化学反应(因硝酸与银油发生反应后,生成可溶性硝酸银),不时将铸件体内的硝酸倒出,铸件体内的银油随硝酸的倒出而同时被清除。除银油后的铸件,要用清水清洗数次,再用超声波清洗机清洗干净后,用风枪吹掉铸件内、外的水珠。

硝酸具有强腐蚀性,操作时要小心,必须戴专用防护胶手套。硝酸易挥发,使用3~5次后,视硝酸的量和净度进行补充或更换。

图9-13 除银油

10
除蜡、除银油
视频(无声)

三、蘸酸

通过蘸酸工艺,清除铸件表面的脏物、斑点。

将浓度36%～38%的盐酸放入汉林煲内,用火枪将铸件烧红,有小孔的部位朝上。蘸酸时,先把铸件的一部分浸入酸中,待听到响声后,再整件浸入约3s即取出,并用水清洗。

四、烘烤

工件表面清除干净后,放入750℃左右的电阻炉内烘烤10～20min,其目的是将工件上的水雾,砂窿内的酸、盐、蜡等杂质除净,防止工件酸、盐等的腐蚀而出现红点。另外,以此来消除内应力,改变工件的脆性。

五、喷砂

在电铸件的特定部位,制造出砂面效果。

1. 主要设备

水喷砂机、干喷砂机、风枪。

2. 主要材料

石英砂(2#粗砂、干砂、玻璃砂等)。

3. 操作工艺要点

将非喷砂部位用胶纸封好,按要求喷上粗砂或细砂。喷砂分干喷砂和湿喷砂。干喷砂加工的表面较粗,湿喷砂加工的表面较细。湿喷砂是在砂料中加入适量的水,使之成为砂水混合物,以减少砂料对工件表面的冲击力,从而使工件表面的砂绒面更加均匀。

工件喷砂前,要拧开喷砂机砂粉罐的螺旋盖,按要求放入石英砂,砂量不超过刻度线。加砂后旋紧封盖,接通电源。调节喷砂机气压表,要求在400～600kPa之间。调节水压至100～500kPa之间。戴上胶手套,一手握工件,一手持喷砂枪,脚踏电源开关,用喷砂嘴对准工件均匀地喷砂(图9-14)。目测距离,观察绒砂效果,喷到符合要求为止。

图9-14 喷砂

将喷砂完毕的工件用开水清洗,用气枪(空压气体)将工件上的水珠吹掉,然后用电吹风机吹干。

喷砂时的气压、水压应控制在规定的范围内,气压过高,容易增大砂窿,砂面易起皱纹;气压过低,砂面较薄、光泽差,影响喷砂的效果。

六、打磨

对铸件的部分位置打磨光亮,可使产品显得更加醒目、耀眼。

1. 主要设备和工具

抽真空电炉、电吹风机、火枪、钢压、玛瑙压、锉、镊子。

2. 主要材料

木眼子。

3. 操作工艺要点

打磨前要蘸酸,用清水冲洗,检查铸件表面有无污渍,如有污渍,用牙刷沾木眼子水刷洗(如刷洗不净,用蒸汽清洗机清洗)。用钢压将铸件表面披光亮,用玛瑙刀再重复钢压披过的位置,使铸件光泽更强,富有灵气(图9-15)。打磨工作完成后,用清水清洁工件表面,然后放在垫有软布的铝制方盘内摆放平稳,不重叠,用电吹风机吹干。

12 打磨视频(无声)

图9-15 披亮

七、浸保护剂

主要目的是加强工件表面保护,防止银工件表面变色。

1. 主要设备

勾臂式电镀缸。

2. 主要材料

AQ-10浓缩液。

3. 操作工艺要点

将AQ-10浓缩液在使用前摇匀,以配制100L溶液计算,需配比5~10L浓缩液(8L为最佳)。工作温度35~45℃(40℃为最佳),浸镀时间1~5min(3min为最佳)。溶液配制量视生产需要而定。

将准备浸保护剂的工件放在挂件架上,放入化学除油、电解除油缸内清洗工件表面油污,时间1~2min;入纯水缸内清洗;再放入加温60℃左右的清水缸中清洗,略加热;浸入保护剂缸内2~3min(图9-16)。工件从保护剂缸内取出,放入纯净水中浸洗3~5次。清洗后用空压气枪将工件内、外腔水珠吹干,再用电吹风机吹干,然后再放入电烘炉内烘干。

图9-16 浸保护剂

主要参考文献

曹楚南.腐蚀电化学原理(第三版)[M].北京:化学工业出版社,2008.
曹人平,肖士民.无氰镀金工艺的研究[J].电镀与环保,2006,26(1):11-14.
曾振欧,黄慧民.现代电化学[M].昆明:云南科技出版社,1999.
查全性,路君涛,刘佩芳,等.电极过程动力学导论(第三版)[M].北京:科学出版社,2005.
陈绍兴,袁军平,梁谦裕,等.浇注系统对首饰铸造质量的影响[J].铸造技术,2013,34(5):655-657.
范曦月.谈首饰雕蜡工艺在实践中的应用[J].美术之友,2009(2):86-87.
冯绍彬,等.电镀清洁生产工艺[M].北京:化学工业出版社,2005.
付宏生.冷冲压成型工艺与模具设计制造[M].北京:化学工业出版社,2005.
何建平.无氰电镀工艺的研究现状及解决问题的途径[J].电镀与涂饰,2005,24(7):42-45.
胡楚雁,邵敏.首饰镶嵌工艺类型的分类探讨[J].珠宝科技,2003,15(3):53-54.
黄奇松.黄金首饰加工与鉴赏[M].上海:上海科学技术出版社,2006.
黄宇亨,袁军平.纯银型材加工过程中的常见缺陷[J].黄金,2016,37(12):4-7.
金英福.电解铸造技术在首饰制作中的应用研究[J].铸造技术,2004,25(6):448-449.
金英福.首饰精密铸造过程中的影响因素分析[J].铸造技术,2005,26(7):632-633.
李金桂.防腐蚀表面工程技术[M].北京:化学工业出版社,2003.
李铁藩.金属高温氧化和热腐蚀[M].北京:化学工业出版社,2003.
李汶轩,鲁硕,王心雨.雕蜡工艺在首饰制作中的应用及呈现[J].艺术科技,2018,(5):83.
李贤成.无氰亚硫酸钠镀金工艺[J].电镀与涂饰,2005,24(9):31-32.
孙华,冯立明,冯拉俊.不同类型电镀清洗工艺的节水效果比较[J].材料保护,2004,37(1):50-52.
孙仲鸣,葛文.首饰铸造中的常见缺陷机理研究[J].珠宝科技,1999,11(1):36-38.
孙仲鸣,周汉利,高汉成.21世纪首饰快速成型技术展望[J].宝石和宝石学杂志,2004,6(4):32-35.
屠振密,韩书梅,杨哲宁,等.防护装饰性镀层[M].北京:化学工业出版社,2004.
王昶,袁军平.首饰制作工艺技术的新进展[J].宝石和宝石学杂志,2007,9(3):26-31.
王昶,袁军平.激光加工技术在珠宝首饰业中的应用[J].宝石和宝石学杂志,2009,11(2):41-45.
王荣发,张卫文,朱权利,等.有色合金连续铸造设备的发展状况[J].铸造设备研究,2005,(1):8-11.
王音青.首饰铸粉性能研究[J].宝石和宝石学杂志,2004,6(2):30.
袁军平,王昶,申柯娅.首饰行业快速成型设备的选用[J].中国铸造装备与技术,2008(3):14-16.
袁军平,陈令霞,陈绍兴.金属饰品材料的耐磨蚀性能探讨[J].表面技术,2017,46(10):168-172.
袁军平,陈绍兴,盛志华,等.降低石膏铸型内残留碳的探讨[J].铸造,2009,58(10):1057-1059.
袁军平,王昶,申柯娅,等.改善银首饰铸造质量的措施[J].铸造技术,2006(8):777-779.
袁军平,王昶,申柯娅.蜡镶铸造技术在首饰制作中的应用研究[J].宝石和宝石学杂志,2006,8(1):26-29.
袁军平,王昶,申柯娅.首饰蜡镶铸造中宝石失色问题的探讨[J].宝石和宝石学杂志,2005,7

(2):25 – 26.

袁军平,王昶.Au999纯金条"锈斑"问题探讨[J].特种铸造及有色合金,2017,37(7):704 – 706.

张允诚,胡如南,向荣.电镀手册(第三版)[M].北京:国防工业出版社,2007.

朱荣兴.水平连续铸造技术在金银加工中的应用[J].贵金属,2000,21(2):30 – 34.

朱中一.金银首饰——鉴定·选购·维护[M].武汉:中国地质大学出版社,1995.

Menon A. Casting gemstones in place[C]. The Santa Fe Symposium on Jewelry Manufacturing Technology. 1996, 69 – 81.

Costantino V, Lanam R D. Utilization of lasers in the joining of gold and platinum for jewelry[C]. The Santa Fe Symposium on Jewelry Manufacturing Technology. 1998, 97 – 141.

Horton P J. Investment powders and investment casting [J]. Gold Technology, 2000(28):12 – 17.

Klotz F. Cold forging karat gold findings[C]. The Santa Fe Symposium on Jewelry Manufacturing Technology. 2003, 151 – 168.

Krahn B. Rapid prototyping in the jewelry industry:the basics as they relate to the jewelry industry [C]. The Santa Fe Symposium on Jewelry Manufacturing Technology. 1998, 447 – 455.

Mckeer I. Stone – in – place casting: the investment perspective[C]. The Santa Fe Symposium on Jewelry Manufacturing Technology. 2004, 293 – 314.

Moser M. Polishing up on finishing or how to stay competitive due to optimized surface finishing [C]. The Santa Fe Symposium on Jewelry Manufacturing Technology. 2001, 305 – 330.

Ott Di. Influence of grinding and polishing on surface properties[C]. The Santa Fe Symposium on Jewelry Manufacturing Technology. 1996, 455 – 484.

Raw P M. Development of a powder metallurgical technique for the mass production of carat gold wedding rings[J]. Gold Bulletin. 2000, 33(3).

Raw P M. Mass production of gold and platinum wedding rings using powder metallurgy [C]. The Santa Fe Symposium on Jewelry Manufacturing Technology. 2000, 251 – 270.

Schuster H. Problems, causes and their solutions on Stone – in – place casting process: latest developments[C]. The Santa Fe Symposium on Jewelry Manufacturing Technology. 2000, 315 – 321.

Schuster H. Stone casting process with invisible setting[C]. The Santa Fe Symposium on Jewelry Manufacturing Technology. 1999, 369 – 378.

Strauss J T. P/M (Powder Metallurgy) in jewelry manufacturing;current status, new development, and future projections[C]. The Santa Fe Symposium on Jewelry Manufacturing Technology. 2003, 387 – 412.

Wright J C. Laser-welding platinum jewelry[C]. The Santa Fe Symposium on Jewelry Manufacturing Technology. 2001, 455 – 468.